CMP BOOKS
机工IT

读懂
实时互动

音视频技术、场景及数据
深度解析

U0218641

声网研究院◎组编
彭小欢　李赢◎编著

机械工业出版社
CHINA MACHINE PRESS

实时互动（RTE）是近几年互联网行业涌现出的热词，已被广泛应用在社交直播、教育、金融、医疗和企业协作等行业场景中，并逐渐成长为真正被认可和重视的全球性行业。据中国信息通信研究院在 2022 年发布的《实时互动产业研究报告》预测，2025 年全球实时互动服务规模将超过百亿美金。本书从发展历程、技术原理、应用场景和大数据观察等维度对实时互动展开了全面的系统性讲解。首先，从技术服务、应用场景、体验指标 3 个维度全面介绍了实时互动的发展历程，让读者更清晰地了解什么是实时互动；之后，全面深入地剖析实时互动产业 20 多个行业赛道的 200 多种行业场景，希望带给行业内的开发者和创业者更多灵感和视角；最后，公布了声网在实时互动行业独家观察的音视频大数据，包括终端设备的机型大数据、音频/视频卡顿率大数据的关联性分析等，希望能给开发者与行业从业者提供一份参考与借鉴，共同探讨实时互动体验质量对业务场景的影响。

本书是全行业首本全面系统介绍实时互动这一前沿概念的书籍，适合从事实时音视频相关工作的产品、研发人员阅读，也适合想加入实时音视频行业的人员，以及对音视频通信感兴趣的学者和大中专院校相关专业的师生参考。

图书在版编目（CIP）数据

读懂实时互动：音视频技术、场景及数据深度解析/声网研究院组编；彭小欢，李赢编著 .—北京：机械工业出版社，2024.4

ISBN 978-7-111-75470-1

Ⅰ.①读… Ⅱ.①声…②彭…③李… Ⅲ.①移动终端–应用程序–程序设计
Ⅳ.①TN929.53

中国国家版本馆 CIP 数据核字（2024）第 063215 号

机械工业出版社（北京市百万庄大街 22 号　邮政编码 100037）
策划编辑：丁　伦　　　　　　责任编辑：丁　伦
责任校对：潘　蕊　王　延　　责任印制：单爱军
北京虎彩文化传播有限公司印刷
2024 年 6 月第 1 版第 1 次印刷
170mm×240mm · 12.25 印张 · 222 千字
标准书号：ISBN 978-7-111-75470-1
定价：79.90 元

电话服务　　　　　　　　网络服务
客服电话：010-88361066　机 工 官 网：www.cmpbook.com
　　　　　010-88379833　机 工 官 博：weibo.com/cmp1952
　　　　　010-68326294　金 书 网：www.golden-book.com
封底无防伪标均为盗版　机工教育服务网：www.cmpedu.com

本书专家委员会
（排名不分先后）

声网创始人兼首席执行官　　　　　　　　　　　赵　斌

声网首席运营官　　　　　　　　　　　　　　　刘　斌

声网首席科学家、首席技术官　　　　　　　　　钟　声

声网音频技术负责人　　　　　　　　　　　　　陈若非

北京大学教授　　　　　　　　　　　　　　　　马思伟

西北工业大学教授　　　　　　　　　　　　　　谢　磊

中国信息通信研究院泰尔终端实验室副总工程师　李　波

中国信息通信研究院教授级高级工程师　　　　　张　睿

前　言

为何写作本书

实时互动作为一种未来数字生活的基础设施，已经影响到人们的社交、娱乐、工作和购物等方面，并撬动各行各业的价值增长，其赛道潜力不亚于人工智能（AI）、大数据和区块链等专业技术赛道。在中国信息通信研究院（简称信通院）2022年发布的《实时互动产业发展研究报告》中也将实时互动技术定义为新一代数字经济发展的底座支撑。

根据声网对国内几大应用商店在教育、泛娱乐、购物、金融、医疗和企业通信等行业的超万个应用进行统计，2023年实时音视频渗透率已突破30%。在未来的几年时间里，预计实时音视频技术的渗透率将会在关键行业中超过50%。

在声网发布的《实时互动场景创新生态报告》中曾预估，到2025年，实时互动行业将形成一个超过千亿元人民币级别的市场，并且行业的生态化发展将会加速这个数字的增加，预估5年内复合增长率将达40%以上。

在产业环境高速进化和使用场景多元化的背景下，我们发现行业还没有一本书系统地从发展历程、应用场景、技术架构等角度全面介绍实时互动，只有少部分书从技术架构层面介绍Web RTC，很多人尚且不知道RTC（实时音视频）与RTE（实时互动）的关系与区别。因此，全面了解和普及实时互动在当下显得尤为重要。

声网作为全球实时互动云行业的开创者，一直以"帮助人们跨越距离实时互动，如聚一堂"为使命，致力于通过高质量的实时音视频技术服务，全面提升人们的实时互动体验，为社交、教育、金融和医疗等行业赋能，从而推动经济、社会的发展。有鉴于此，声网有责任、也有义务去推动实时互动的普及。

对此，声网决定编写《读懂实时互动：音视频技术、场景及数据深度解析》这本书，希望读者通过阅读本书，能够深入地读懂实时互动，掌握实时互动的相关知识，并加入到这个行业中来。

本书内容特点

全书详细介绍了实时互动发展的前世今生，涵盖实时互动的发展历程、技术原理、应用场景、大数据观察等，主要内容如下。

- 第 1 章：从实时互动技术服务的演变、应用场景的演变、体验指标的演变，系统性地介绍实时互动的由来与发展历程。
- 第 2 章：普及实时互动与音视频云、即时通信等行业概念的区别。
- 第 3 章：对实时互动中最核心的实时音视频技术流程进行了详细讲解，如音视频的采集、前后处理、编解码和传输等，让读者更深入地了解实时音视频是如何实现的。
- 第 4 章：展示了实时互动在社交泛娱乐、教育、IoT、金融、医疗、企业协作和政务等各行各业中丰富的应用场景，并解析每个场景中实现实时互动的技术难点。
- 第 5 章：分析实时互动在具体应用场景业务层面的大数据观察，例如音频/视频卡顿率对语聊房（语音聊天室）、电商直播等场景中用户的使用时长和留存率带来的影响，希望通过这些数据分析给企业带来一定的参考价值。

本书准备了丰富且实用的配套资源，包括与实时互动相关的图表、图谱、报告和白皮书等文档，具体获取方式为扫描封底的二维码进入本书专属云盘进行下载即可。

致谢

感谢毛玉杰、姚光华、朱超华、贾英英、杨慧对第 1 章中关于实时互动发展历程的指导与内容审核。

感谢李森、李嵩、郑脊萌、王亮亮、周世付、乔齐、戴伟、刘颖、朱仁琪、黄河、马小茜帮助梳理了实现实时音视频的核心技术流程。

感谢王琳、李婷、王素文、李斯特、侯云忆、钱奋、徐靖辰、王汝昕、魏伶如对书中实时互动应用场景介绍的内容审核。

感谢黄瑾对本书的设计指导。

感谢何丰、高源对第 5 章节实时互动大数据观察提供的数据审核。

由于编者水平有限，书中不足之处在所难免，还望广大读者朋友批评指正。最后，诚挚感谢所有读者的关注和支持。实时互动让人们就算远隔千里，也能"如聚一堂"，可以预见的是，实时互动将会应用到更多传统的线下场景，助力用户体验的升级以及企业业务的线上转型，我们也希望在未来实时互动能像空气和水一样，无处不在。

编 者

目 录

第 1 章

关于 RTE 实时互动

1.1 从 RTC 到 RTE

RTC（Real-Time Communication）的定义是实时音视频，核心是交流，强调对语义信息进行高质量和高效率的传递，用户可以通过 RTC 完成基本的音视频通话，实现线上交流的目的。

RTE（Real-Time Engagement）的定义是实时互动，强调构建用户所需的共享时空（场景），达到甚至超越线下场景的体验。RTE 在提供 RTC 音视频服务的基础上，进一步提供了更加丰富和灵活的实时互动能力，让开发者可以根据不同的场景需求，自由地选择和组合各种实时互动能力，打造出更加个性化和差异化的实时互动体验。例如开发者想要构建一个 3D 语聊房（语音聊天室），除了底层的音视频通话技术外，还需要虚拟数字人、空间音频、场景道具、AI 等技术能力，才能给用户带来沉浸式的 3D 语聊体验，达到接近甚至还原线下互动的场景感与真实感。

RTC 与 RTE 的关系如图 1-1 所示。

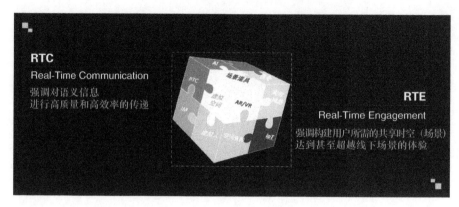

图 1-1　RTC 与 RTE 的关系

1.2　如何定义 RTE 实时互动

实时互动并不是一个新的概念。早在 2018 年，声网内部发生了一次激烈的论战，首次提出了实时互动（RTE）的概念，并将其写进了 2020 年的招股书中，正式宣布声网的使命是"让实时互动像空气和水一样，无处不在"。

实时互动，指在远程条件下沟通、协作的多方能够随时随地接入、实时传递虚实融合的多维信息，并体验身临其境的交互活动。

从广义角度而言，实时互动包含了特定场景下人、物、空间三者交互体验的所有内容，包括保障实时无延迟的通信网络、满足用户互动的技术组件及设备、提供可感知的实时互动场景应用等。

从技术角度而言，实时互动包含了能够实现实时通信和灵活互动能力的一系列技术的集合，实时互动最基础的功能为实时通信，即将用户在线下产生的音频、视频、文本、图片等媒体和非媒体数据进行实时传输。实时互动最核心的能力为灵活互动，即在信息传输的基础上，根据具体场景需求，借助多样化的插件组件和算法，灵活增加互动工具，提升效率与用户体验。

实时互动是未来数字生活的新一代基础设施，并对原有互联网技术架构提出了更高的要求，其特性主要体现在"实时"和"互动"两个方面。

1.2.1　实时

"实时"是对信息传递效率的变革，使用户随时随地即时获取无损信息，具体体现如下。

- 接入的实时性：指用户接入的高登录成功率，保证用户不受连接设备、网络情况、地域环境等因素限制，随时随地接入网络、触达业务。
- 传输的实时性：指音视频数据传输的低延时和低卡顿，通过网络实时动态路由规划，以最优边缘节点接入，降低端到端的延时，保证传输流畅进行。
- 交互的实时性：指除基础音视频外，图像、声音、音效等多种交互方式反馈的实时性，需要 AI 算法、边缘计算等技术的综合处理。
- 渲染的实时性：指最终画面（尤其是 3D 画面）、多维场景展示的实时性，需要大量的场景计算能力，使用户获得逼真流畅感受。

1.2.2　互动

"互动" 是用户交互模式的变革，使用户可以从多维度接触信息，具体体现如下。

- 互动网络的升级：网络基础设施的升级、边缘计算能力的提升、SDN（软件定义网络）的完善，以及 3GPP（第三代合作伙伴计划）标准、4A（统一安全管理平台解决方案）技术规范的成熟，解决了在对多、多对多场景下常遇的大规模、高并发网络问题。
- 互动设备的突破：低功耗微型处理器的迭代、物联网（IoT）传输协议的成熟标准化、AI 技术的融合与加速、传感器技术的迭代，推动了 IoT 设备的快速发展，丰富了人与物、物与物的交互模式。智能手表、智能门锁等 IoT 设备提升了人们的生活质量，AR/VR 等设备为用户提供了全新的沉浸式体验。
- 互动组件的丰富：低代码平台的兴起，以 API（应用程序编程接口）、SDK（软件开发工具包）形式接入的插件组件的大量出现，降低了研发的门槛，提高了场景构建的灵活度与丰富度。如诞生于教育场景的互动白板，同时可广泛应用于会议、泛娱乐场景，为用户提供更丰富的信息交换维度。
- 互动场景的拓展：AI、IoT 等技术的演进、线下业务的线上化，拓展了实时互动的应用新场景。如近年来兴起的云会展、云旅游，将用户的线下游览体验迁移至线上，融合虚拟数字人，又为用户创造了全新的交互体验。

完整的实时互动技术集合，使行业应用方可基于底层的实时网络，在实时通信的基础功能上，结合场景所需的核心互动能力，为用户提供场景解决方案。

同时，相关应用方可借助质量分析工具，完成端到端的质量监控，提升用户实时互动体验。实时互动技术集合如图 1-2 所示。

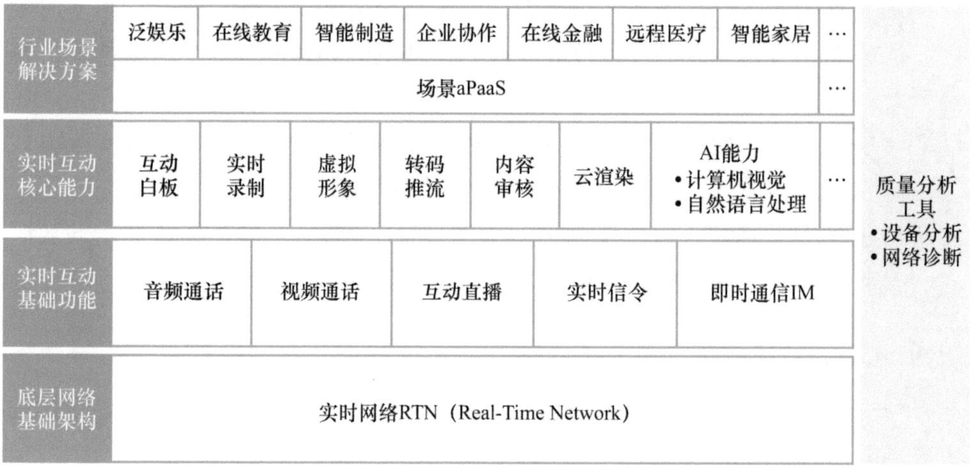

行业场景 解决方案	泛娱乐	在线教育	智能制造	企业协作	在线金融	远程医疗	智能家居	…	
	场景aPaaS							…	
实时互动 核心能力	互动 白板	实时 录制	虚拟 形象	转码 推流	内容 审核	云渲染	AI能力 •计算机视觉 •自然语言处理	…	质量分析 工具 •设备分析 •网络诊断
实时互动 基础功能	音频通话		视频通话		互动直播		实时信令	即时通信IM	
底层网络 基础架构	实时网络RTN（Real-Time Network）								

图 1-2　实时互动技术集合

从用户体验角度而言，实时互动提供了越来越接近无损的信息传输，以及真假难辨的数字仿真能力。实时互动真正实现了人体感官的复制和延伸，让用户在足不出户的情况下，以远程的、虚拟的化身亲临现场，和置身同一数字空间的其他人进行沟通和协作。与传统音视频通信相比，实时互动的核心特性如下。

- **共享情境**：共享人与人的交流内容，还原交流时的感官、道具及环境，完整展示人、物、环境之间的状态与关系。
- **任意规模和形式**：支持不同人数规模的实时交流，并可实现场景快速拓展，可还原在同一时刻多向信息交叉互动的复杂情形。
- **无处不在**：实时互动可跨平台、跨终端进行，并且不受网络环境限制完成快速切换，用户可随时随处获得流畅体验。

注："如何定义 RTE 实时互动"章节内容摘自中国信息通信研究院与声网共同研究编写的《实时互动产业发展研究报告》。

1.3　实时互动技术服务的演变

实时互动技术服务的发展历程总体可以概括为 1999 年 GIPS→2011 年 WebRTC→2014 年 RTC PaaS 化→2020 年 RTE 实时互动融合能力四个阶段，我们将重点分析这四个阶段的技术演变过程。

1.3.1　从 GIPS 到 WebRTC

　　GIPS（Global IP Solutions）前身为 Global IP Sound，从其名称就可以知晓，这是一家成立于 1999 年，专注于互联网 VoIP 以及语音信号处理的公司，它的核心产品 GIPS VoiceEngine，得益于其在语音处理领域丰富的专利以及能够在恶劣的网络条件下仍能保持低延迟、出色音质的表现，受到了 WebEx、Skype 以及 QQ 超级语音的青睐。时间回到 19 世纪末 20 世纪初，WebEx 成立于 1995 年，Skype 成立于 2003 年，QQ 超级语音发布于 2004 年，彼时的互联网还处于拨号上网向宽带上网逐步过渡的时代，相较于动辄能够达到几十兆（M）、上百兆的宽带上网，拨号上网可用的带宽通常只有 56KB/s 到 512KB/s 之间，除了速度慢，往往也会面临拥堵、连接不稳定等现象，仅仅只是浏览网页内容都有很大的挑战，更不用说在 IP 网络上进行实时的语音通信。GIPS 的创始人们同样意识到了这个问题，并针对 IP 网络的特性，开发出了能够应对网络延迟、抖动以及丢包的语音处理引擎，这也在后续 WebEx、Skype 以及 QQ 超级语音中得到了验证。Skype 的创始人兼 CEO 这样评价 GIPS："我们寻找世界上最好的语音引擎来支持我们的软件，感谢 GIPS 提供给我们。对于我们用于在互联网上打电话的软件，语音质量是非常关键的，而 GIPS 提供的软件包使得我们能够提供比电话更好的语音质量"。2010 年 5 月，Google（谷歌）完成了对于 GIPS 的收购，本可以独占 GIPS 技术专利，但秉承互联网开源开放的精神，还是让 Google 选择在收购 GIPS 后的一年，完全开源了 GIPS 的核心代码以及免费专利授权，其后便成就了大家所熟知的 WebRTC 开源项目，同时也拉开了实时互动这个行业的序幕。

1.3.2　WebRTC 推动音视频通话开始普及

　　WebRTC（Web Real-Time Communication），即网页实时通信，不难看出这项技术最开始的目标是希望在浏览器上实现实时通信。其实 WebRTC 在不同场景下包含不同的含义，它既可以代表 Google 开源的 WebRTC 项目，又可以代表 W3C（World Wide Web Consortium，万维网联盟）工作组制定的 WebRTC 标准，也可以代表浏览器中的 WebRTC 接口，我们将它统称为 WebRTC 技术。多数时候，对于开发者而言，WebRTC 是一套支持网页浏览器进行实时音视频通话的 W3C JavaScript API，它包含了音视频的采集、编解码、网络传输、渲染播放等功能。自 2011 年 Google 开源 WebRTC 项目之日起，伴随着移动互联网的发展以及 4G、5G 的普及，互联网上的音视频流量呈井喷之势，2020 年，科技进一步推动全民线下转线上，将互联网流量推向了历史顶峰。在这其中，WebRTC 技术起到了关键性的作用，几乎所有的实时互动应用都或多或少采用了 WebRTC 技术方案。我们借机回顾 WebRTC 技术发展的几个关键时间点，具体如下。

1）2011 年 5 月，Google 发布了初期的 WebRTC，这是一个计划与 Chrome 进行整合的实时通信开源项目。

2）2011 年 10 月，W3C 发布了 WebRTC 标准的第一个草案。

3）2013 年 2 月，Firefox 开始支持 WebRTC，并可以和 Chrome 进行跨浏览器视频通话。

4）2015 年 9 月，声网首次将 WebRTC 大会引入国内，4G 开始大规模普及，WebRTC PaaS 化开始萌芽。

5）2017 年 9 月，Safari 11 正式支持 WebRTC。

6）2019 年 12 月，据统计在 2020 年 Chrome 上的 WebRTC 流量涨了约 13 倍。

7）2021 年 1 月，经历 10 年发展，WebRTC 被 W3C 和 IETF 发布为正式标准，即 WebRTC 1.0。

2015 年是一个比较有意思的时间点，4G 大规模普及后，互联网流量逐步开始由文字、图片消费转向了语音、视频消费，实时音视频互动作为音视频消费领域中的一个细分领域，也让越来越多的人嗅到了其中的机会，毕竟互联网从 1.0 升级为 2.0，最明显的变化就是增加了人与人的互动。WebRTC 开源之后，越来越多的人开始基于 Chrome 以及 WebRTC 开源项目构建实时互动应用，但很快便就有人发现了其中的问题，总结为以下几点。

1）构建一个基于 WebRTC 的应用非常复杂，除了前端应用的编写外，也需要后端服务器的配合，SDP 的处理更是一不小心就出错，不懂音视频技术几乎无法直接上手 WebRTC。

2）WebRTC 是一项点对点音视频通信技术，公网上的点对点网络传输质量无法保证，跨国、跨运营商以及骨干网不同时间段均容易出现网络拥塞，传输质量差的问题。

3）使用 WebRTC 不仅需要处理跨浏览器的问题，在移动端更需要重点进行优化，如设备兼容性、性能、2G/3G/4G/WiFi 等不同网络等。

WebRTC 看似很美好，但这个世界没有"银弹"，伴随着这些问题，WebRTC 的发展开始迈入下一个阶段：RTC PaaS 化。

1.3.3　RTC PaaS 化促进实时音视频走向繁荣

RTC PaaS 化是指将实时通信技术作为一种服务提供给开发者，让开发者不用关心底层的音视频技术细节，只需要调用简单的 API 接口，就可以在自己的应用中实现实时音视频互动功能。RTC PaaS 化的出现，极大地降低了开发者的门槛和成本，让更多的应用可以享受到实时通信技术带来的价值。RTC PaaS 化的服务商通常会提供以下几个方面的能力。

1）媒体流通信服务：实现实时通信的核心，它负责处理音视频数据的采集、编解码、传输、渲染等关键环节和功能。

2）云端拓展服务：实现实时通信的扩展，它负责提供一些云端计算和存储能力，如录制、转码、直播、云端混流、AI 识别等。

3）信令管控服务：实现实时通信的基础，它负责协调通信双方或多方之间的连接建立、状态同步、控制指令等信息交换。

4）数据及管理服务：实现实时通信的保障，它负责提供一些管理和监控能力，如账号管理、鉴权认证、计费统计、质量监测、故障排查等。

RTC PaaS 化的典型代表就是声网，声网成立于 2014 年，是第一个将实时音视频作为 PaaS 服务提供给开发者和企业客户使用的服务商，也是目前全球最大的 RTC PaaS 化服务商之一。声网自建的实时音视频网络（SD-RTN™），覆盖了全球 200 多个国家和地区，拥有超过 400 个数据中心节点，在多种网络环境下都能保证低延迟、高清晰度和高稳定性的实时音视频传输。

声网还拥有丰富的实时音视频产品矩阵，包括了实时音视频、互动直播、极速直播、云信令、互动白板、实时录制等多个产品和解决方案，覆盖了从一对一到千万级规模的各种场景需求。

RTC PaaS 化虽然极大地简化了开发者使用实时通信技术的难度和成本，但也同时带来了一些新的挑战和问题。随着实时音视频技术的普及和应用的多样化，开发者对于实时音视频技术的需求也越来越高，不再满足于简单的音视频通话功能，而是希望能够提供更加丰富和个性化的实时互动体验。例如，在教育场景中，除了需要实现老师和学生之间的实时音视频通话，还需要提供课件展示、互动答题、分组讨论、课堂录制等功能；在社交娱乐场景中，除了需要实现用户之间的实时音视频通话，还需要提供美颜滤镜、变声变调、虚拟背景等功能；在游戏场景中，除了需要实现玩家之间的实时语音通话，还需要提供语音转文字、语音变声、语音聊天室等功能。这些功能的实现，往往需要开发者自己进行二次开发或者集成第三方服务，增加了开发者的工作量和风险。为了解决这些问题，实时音视频技术开始迈入下一个阶段：RTE 实时互动融合能力。

1.3.4　RTE 实时互动融合能力

RTE（Real-Time Engagement），即实时互动，是声网在 2020 年提出的一个全新的概念和愿景。RTE 是在 RTC PaaS 化的基础上，进一步提供了更加丰富和灵活的实时互动能力，让开发者可以根据不同的场景需求，自由地选择和组合各种实时互动能力，打造出更加个性化和差异化的实时互动体验。RTE 包含了以下几个方面的能力。

1）基础能力：RTE 的核心，包括了 RTC PaaS 化所提供的信令管控服务、媒体流通信服务、云端拓展服务和数据及管理服务等。

2）增强能力：RTE 的扩展，包括了一些针对特定场景或功能进行优化或增强的能力，如超级画质、背景分割、AI-3A、虚拟声卡等。

3）创新能力：RTE 的未来，包括了一些利用最新技术或理念进行创新或突破的能力，如虚拟主播、开放世界、AIGC 等。

4）生态能力：RTE 的支撑，包括了一些与第三方服务商或平台进行合作或集成的能力，如美颜、内容审核、语音转文字等。

RTE 是声网对于实时音视频未来发展方向的探索和尝试，也是声网对于开发者社区的承诺和贡献，希望通过 RTE 产品矩阵，让更多的开发者可以轻松地使用实时互动技术，并且可以根据自己的想象力和创造力，打造出更加精彩和有趣的实时互动体验。

1.4　实时互动应用场景的演变

在我们看来，实时互动应用场景的演变主要分为信息传递与共享情景两个阶段。在信息传递阶段，实时互动应用场景主要局限在单一的音视频通话场景，用户的需求是实现人与人之间的沟通。在共享情景阶段，用户对实时音视频的需求不再局限于单一的通话交流，而是希望通过实时音视频实现在线上共享生活、工作、娱乐中的各种场景，例如泛娱乐、教育、医疗、金融、企业办公等不同行业的各类场景中。再后来，伴随元宇宙、AIGC 等技术的出现，越来越多的创新互动场景出现，其中人与虚拟数字人之间的实时互动成为一种新的趋势。

1.4.1　信息传递——单一通话：语音通话、视频通话

语音通话的起源可以追溯到电话的诞生，19 世纪 80 年代就出现了电话。

视频通话的出现则要晚很多，直到 20 世纪 60 年代才有了第一次视频通话的出现。在 1964 年，AT&T（美国国际电话电报公司）首次在纽约举办的世界博览会上推出了 Picturephone，为与会者提供了在另一个地方与其他人进行视频通话的机会。呼叫者不仅可以听到线路另一侧的声音，还可以看到他的照片。这是世界上第一次视频通话。

1996 年 7 月美国 IDT 公司发布 Net2Phone 单工测试版，全球第一款可拨打电话的 VoIP 电话诞生。

20 世纪 90 年代末，互联网的普及使得语音通话和视频通话得以在网络上实现。即时通信软件（如 ICQ、Skype、Yahoo Messenger、MSN Messenger 等）都提供了在线语音通话和视频通话的功能，为人们提供了更加便捷的通信方式。与此同时，国内聊天软件平台也没有掉队。

- 始建立于 1996 年的碧海银沙网站是国内最早的网络聊天室。
- 2002 年，QQ 开始支持视频聊天，玩家去网吧经常会优先挑选带有外接摄像头的计算机设备，以方便与网友进行视频聊天。
- 2005 年，9158 支持秀场直播。
- 2008 年，YY 推出语音聊天，俘获了大批游戏玩家。

此后随着移动通信技术的发展，如 3G、4G 和 5G 等，人们可以通过手机进行语音通话和视频通话，随时随地进行远程交流。

2011 年，腾讯正式推出微信，2012 年 7 月，微信 4.2 版本首次加入了视频聊天插件。微信音视频通话的出现，有效地推动了音视频通话开始快速普及。但彼时人们使用音视频的目的还比较单一：与朋友、亲人进行简单的交流沟通，实现双方的信息传递。

1.4.2　共享情景——互动需求升级

从 2013 年起，伴随实时音视频快速普及，人们对音视频互动的需求逐步升级，从原本单一的音视频通话开始加入到工作、生活、娱乐、学习等场景中来，互动的人群也从 1 对 1 变成了 1 对多，并诞生了在线教育、泛娱乐社交、远程医疗、智能家居、视频会议等一系列实时互动场景，我们将这一阶段定义为共享情景。

1. 泛娱乐：实时互动成为娱乐应用的标配功能

泛娱乐社交初期的互动以文字消息为主，YY 语音、语音聊天室的出现开始培养用户语音聊天的习惯。2011 年微信正式上线，并相继推出了音频、视频通话功能，用户音视频互动的需求在微信推动下被释放。在 2011-2013 年期间，很多基于 LBS（基于位置的服务）的陌生人社交产品如雨后春笋般涌现出来，例如陌陌、友加、遇见、易信、网易花田等，这类社交 APP 都在后续的版本中相继加入音视频通话的功能，进一步释放了用户进行音视频社交的需求。

2016 年，国内兴起移动直播大潮，在声网的助力下，陌陌等直播平台陆续上线了直播连麦功能，受到大批用户的追捧。随后在资本的推动下，国内掀起了"千播大战"的热潮，涌现出陌陌、映客、虎牙直播、斗鱼直播、花椒直播、一直播、来疯直播等一大批直播平台，直播连麦成为直播平台的标配功能，也被誉为直播流水的"倍增器"。现如今，随着音视频技术的发展，直播连麦已经发展成多个玩法，例如直播团战 PK、秀场直播转 1v1（1 对 1）等。

2016 年，狼人杀游戏开始在线下流行，2017 年，上海某家创业公司（上海假面信息科技有限公司）找到声网，希望将线下的狼人杀场景搬到线上，这样不仅可以跟熟人一块玩，也可以和兴趣爱好类似的陌生人一起玩，实现游戏社交。在声网的助力下，假面科技快速上线了狼人杀 APP，并成为当年的爆款。据统计，在 2017 年，市场就涌现了几十款狼人杀 APP，直到今天，线上狼人杀依然拥有大批忠实玩家。而狼人杀的爆火以及《王者荣耀》《绝地求生：刺激战场》等游戏的成功，也推动游戏语音功能逐渐成为游戏产品的标配。

2012 年，唱吧将线下的 K 歌场景搬到线上，上线一周用户量就超百万，在线 K 歌场景开始在年轻用户中普及。2014 年全民 K 歌的上线，更是进一步加速了在线 K 歌的普及，但此时的在线 K 歌多为用户个人的在线唱歌，并未出现用户一起合唱的互动玩法。

此后唱吧与全民 K 歌等 K 歌软件陆续推出了抢唱、接唱、合唱等玩法，其中合唱玩法最受用户的喜爱，但此时的合唱多为录制合唱与单通道合唱。下面以主唱 A、用户 B 为例分析两种方案。

- 录制合唱：主唱 A 根据伴奏演唱→完成后点击上传→用户 B 选择带有 A 歌声的伴奏再演唱→录制完成后间接完成合唱。
- 单通道合唱：主唱 A 发起合唱→伴奏发给主唱 A→主唱 A 的歌声+伴奏发给用户 B→用户 B 加入一起唱。

第二种方案，看似是实时的，其实从体验来讲并非是合唱，其原因在于：

用户 B 与听众可以听到主唱 A 的歌声，而主唱 A 听不到 B 的歌声。此外，主唱 A 出现问题，用户 B 就无法继续，这种方案还不支持两人以上合唱。真正的"实时合唱"应该就像是将线下 K 歌房的合唱情景照搬到线上一样，双方同时听到伴奏后一起合唱，彼此都能实时听到对方的声音。

直到 2021 年 4 月，声网正式推出国内首个支持多终端、多人合唱、高音质的完整实时合唱解决方案，结束了国内 K 歌行业长期探索"实时合唱"场景，却一直未能上线的现状。

在声网的实时合唱方案中，主唱端与各个合唱端同时从本地获取 BGM，随着伴奏同时开启演唱，再通过声网的 SD-RTN™ 传输和调度，主唱与合唱们可以实时听到其他人的歌声，达成合唱。同时观众可以享受到演唱者们"0 延时"的合唱效果。

在后期，声网甚至还推出了大合唱的解决方案，最多支持 128 人同时合唱，通过云端合流的模式将主伴唱人声和 BGM 通过云端合流转码同步到观众端，云端合流转码最高可支持 128 路。

实时合唱的出现，真实还原了线下 KTV 一起合唱的场景，用户之间可以实现线下 K 歌场景的线上共享，也增加了在线 K 歌的社交属性，备受年轻用户喜爱，也一定程度推动了在线 K 歌行业的发展。

除了以上这些场景外，近几年，一起看电影、一起听音乐、一起看比赛的场景也在国内外流行，帮助用户还原线下看电影、看比赛、听音乐场景的真实感。此后，元宇宙概念的大火，也为实时互动增加了虚拟感与沉浸感。

2. 教育：在线课堂推动教育均衡化发展

2000 年年初到 2010 年左右，随着互联网的普及，基于实时音视频技术的在线教育开始崭露头角。教师和学生可以通过实时音视频传输进行远程教学和交流。这一阶段的实时音视频技术主要以基础的语音和视频通话为主，提供简单的教学互动和信息传递。

从 2013 年左右开始，随着技术的发展，多媒体和互动技术逐渐应用于在线教育中，丰富了教学形式和学习体验。在线教育平台开始支持教师共享屏幕，展示教学材料和实时写字板等，以增加教学互动和可视化效果。实时音视频技术逐渐提升，音频和视频传输质量改善，为学生和教师提供更清晰、稳定的教学环境。从这一阶段开始，在线教育行业迈入了共享情景的时代。

在 2015 年至 2016 年期间，我国的在线教育行业经历了爆发式增长。大量在线教育平台涌现出来，覆盖了各个学科领域和教育层次。这些平台提供从 K12

教育到职业培训的广泛课程，包括语言学习、编程、金融、设计等。同时，移动互联网的普及也为在线教育提供了更多的机会，移动设备成为在线教育的重要终端，实时音视频技术也得到相应的发展。在线教育平台开始推出移动应用，学生和教师可以通过智能手机和平板电脑进行实时音视频的教学与学习，实现随时随地的在线教育体验。

2020年在线教育迅速发展。实时音视频技术在这一时期得到了进一步的提升和应用。

在线教育平台通过技术创新，提供高清视频技术和稳定的音频传输，以确保教学质量和学习体验。

同时，实时音视频技术与其他技术的结合也得到了推动，例如虚拟实境（VR，又称虚拟现实）和增强实境（AR，又称增强现实）技术，为学生提供沉浸式和交互式的学习体验。基于多元化的在线教学环境，进一步加强了学生与老师在线共享教学情景的现场感。

总结而言，实时音视频技术在中国在线教育的发展历程中逐渐成熟和应用。从基础的音视频通话到多媒体和互动技术的应用，再到移动互联网时代和物联网时代，实时音视频技术不断演进，为在线教育提供了更稳定、清晰和互动性强的教学环境。

3. 医疗：远程医疗让患者就医更便捷

早期的远程医疗主要通过线上文字交流的方式进行问诊，2012年开始，随着"互联网+"概念的火爆，"互联网+医疗"的模式也开始兴起，医生开始通过音视频通话和视频会议等方式进行远程会诊和病例交流，并提供线上诊断和治疗建议。随着远程医疗的发展，实时音视频技术还运用到医疗的教育、培训以及远程监护等场景中。通过医疗直播、视频会议等，医生可以通过在线课程、研讨会和视频教学等方式获取医学知识和技术培训。

随着技术的发展，远程监护和健康管理成为远程医疗的重要组成部分。医疗设备和传感器的进步使得患者可以在家中进行健康监测，如血压、心率、血氧等，医生可以远程获取患者的健康数据并进行及时干预和治疗，具体如下。

- 远程手术和远程诊断：随着高速互联网的普及和网络带宽的增加，远程手术和远程诊断逐渐成为可能。借助远程手术机器人和远程图像传输技术，医生可以通过网络对远程患者进行手术和诊断。
- 远程医疗平台的出现：近年来，随着云计算、人工智能和大数据技术的快速发展，远程医疗平台开始广泛应用。这些平台集成了医疗信息系统、医学影像处理和远程会诊等功能，使得医生和患者可以方便地进行远程沟通和医疗服务。

总体来说，远程医疗的发展历程可以分为早期远程会诊和病例交流、远程教育和培训、远程监护和健康管理、远程手术和远程诊断以及远程医疗平台的出现等阶段。随着技术的不断进步和应用的推广，远程医疗在改善医疗服务质量、提高医疗效率和方便患者就医等方面发挥了重要作用。

4. IoT：万物皆可互动

说到 IoT 设备与实时音视频的结合，很多人都会首先想到儿童手表与智能摄像头。2012 年，儿童手表开始普及，最初的儿童手表只能支持音频通话，后伴随 4G 网络的普及，驱动了以"小天才"为首的儿童电话手表将视频通话作为标配功能，现如今儿童手表已在国内中小学群体中受到广泛追捧。

2015 年前后，实时音视频被应用在民用安防中，360 智能摄像机等家庭摄像头纷纷加入视频通话功能，可以实现与家人的双向互动通话。此后，随着产品不断地创新迭代，在面向消防安防和民用安防监控场景中，实时互动技术不仅能满足基础的视频和通话，还能提供视频呼叫、告警消息和事件录制等能力。

2020 年是 IoT 产业爆发的一年，这一年 IoT 产业到达了"物超非"的历史时刻，即全球物联网连接数首次超过非物联网连接数，随之而来的是 IoT 应用发展提速。为提升用户与智能硬件设备互联互动的体验，越来越多的智能硬件开始增加实时音视频互动功能，为设备装上"眼睛"和"耳朵"。

从 2020 年开始，智能家居从最早的单品走向全场景，一开始以电视/音箱 VoIP（基于 IP 的语音传输）为主，随后智能门铃、智能冰箱、智慧屏、健身镜等设备纷纷跟实时音视频技术结合，增加互动属性。同时，家居安防从单向慢监控走向互动陪伴，宠物、小孩、老人等情感陪伴单品出现，在更先进的音视频技术的加持下，设备除了可以和家人双向实时通话外，辅以红外激光、羽毛等外设还可以成为"逗宠"神器，远程与宠物进行实时互动，以"音视频+控制"实现第一视角沉浸体验。

2021 年，随着元宇宙的爆火，AR、XR 设备也受到高度关注，这类 XR 设备搭载实时互动技术让人、场景、物三者进行重构，更好地实现在虚拟空间中的沉浸互动体验。在工业、制造业等场景中，搭配 AR 眼镜的远程专家协作也实现产线工程师与后端专家共享线下工业生产、维修的情景。

2022 年开始，5G 大带宽和超低延迟技术的发展驱动产业物联网生产力变革，无人值守设备开始普及，即无人车、无人机、机器人等的远程脱困、作业、运维。

虽然目前 IoT 产业存在多个细分场景小爆发，但整体发展还在初期，很多重度设备的实时互动场景只是刚刚起步，处于探索阶段，距离普及还有很长一段路，同时，生态割裂、成本和体验等痛点依然存在，需要整个产业链健康发展。

1.4.3 共享情景——视频会议从通信工具变成普适能力

视频会议的起源可以追溯到 1964 年，1964 年 AT&T 公司首次在纽约举办的世界博览会上推出了 PicturePhone，为参会者提供了在另一个地方与其他人进行视频通话的机会。呼叫者不仅可以听到线路另一侧的声音，还可以看到他的照片，这里更像是视频通话的起源，但很多人也认为视频会议的概念从这里开始出现。

1982 年 IBM 采用 48KB/s 的通道将日本公司连接到内部视频会议系统中，同美国总部进行远程会议，视频会议开始走向市场。

从 2000 年开始，国外涌现出了 Polycom 宝利通、思科 Cisco 等专用的视频会议硬件厂商，但由于设备成本高昂，还需要专线以及专人维护与部署，以保证视频会议质量，所以几乎都应用在国家政务层面，很少应用到民用领域。

与此同时，国内在 2004 年左右开始出现了华为、中兴、科达等厂商陆续推出视频会议硬件设备，主要应用于政法、公安等政府部门，偶尔会被少数大型央企及民用企业所采购。

2008 年开始，在视频会议硬件设备高昂成本的刺激下，同时伴随高带宽网络的发展，国内涌现出一批 PC 端的视频会议专用软件，例如网动、红杉树等。但市场反响一般，直到 2013 年好视通、全时等视频会议软件的出现，给国内用户带来了网络视频会议新体验，用户的视频会议习惯也开始被培养。彼时，Zoom 也开始在国外兴起，并开始推动视频会议走向云化时代。

2019 年腾讯会议推出，紧接着 2020 年突发的公共卫生事件，推动视频会议开始全面普及。在国内，上班族利用腾讯会议、金山会议等会议软件进行远程协同办公成为工作的常态，同时，在国外 Zoom 也迎来了爆发，开始被大量企业及教育机构所采用。腾讯会议、Zoom 的爆发，也正式标志着视频会议由传统的软件化时代走向云化时代。相比传统的软件时代，云视频会议最显著的区别可以概括为：部署简单、使用便捷、按需订阅、持续升级。

从 2020 年开始，远程协同办公成为常态，同时在数字化转型的浪潮下，越来越多的企业也发现随着业务的发展，在自身的业务系统中加入视频会议功能的需求越来越迫切。同时还需要结合业务对视频会议的功能、模块进行灵活定制，并且一些政企还需要支持私有化部署的方式，而传统的 SaaS 会议软件无法满足这种需求，至此，视频会议 PaaS 化成为新的趋势。以声网为首的实时音视频服务商开始为企业提供 PaaS/aPaaS 的视频会议能力，支持和业务系统无缝对接，支持二次开发，并支持公有云，混合云、私有化部署等部署方式，支持 AES 加密、国密、自定义加密等，满足安全合规的标准。视频会议也从单一的通信工具，升级为一种普适能力，可以在任意 APP 内嵌入视频会议功能，并满足灵活定制开发，视频会议从云化时代迈入大协作时代，助力千行百业加速数字化转型，全面构建万象纷呈的数字化业务场景。

1.4.4　共享情景——元宇宙、AIGC 推动创新互动场景

从 2021 年开始，伴随元宇宙（Metaverse）、AIGC（AI Generated Content，人工智能生成内容）等新技术的出现，推动实时互动与元宇宙、AI 相结合，诞生了更多创新互动场景。同时，用户对实时互动的需求也从工作、生活、学习等场景的情景共享，升级为人与虚拟数字人之间的互动。

构建理想中的元宇宙，重点是如何打造一个与现实生活平行的、体验几乎无差异的虚拟世界，这其中涉及建模、定位技术、手势识别、脑机接口等各类 VR/AR 底层技术。除此之外，极其核心的技术还包括沟通方式，也就是高质量、低延时的实时音视频互动技术。在元宇宙世界里面需要满足"始终在线、实时渲染、沉浸式"等技术条件，实时音视频技术可以提升用户在虚拟世界中的沉浸感。VR/AR 行业一直强调的"沉浸感"是一种微妙的个人感受，它实际上是用户的眼、耳、口、身多重感官的综合体验，用户在用眼睛、手脚感受逼真、炫酷的虚拟世界的同时，还能通过低延时、流畅的实时音视频与虚拟世界中的其他真人玩家或者虚拟 NPC 实时沟通，实现彼此处于同一空间进行面对面交流的体验。借助实时音视频技术，未来或许可以像《头号玩家》里的沃兹一样，与来自全世界成千上万的 VR 玩家在同一个具备强社交性、高度沉浸感、实时互动的元宇宙虚拟世界中开启欢畅聊天、组队冒险之旅。

AIGC，也可以称为生成式 AI，例如 AI 文本续写、文字转图像的 AI 图、AI 主持人等，都属于 AIGC 的范畴。GPT（Generative Pre-Trained Transformer 生成式预训练转换器）是一种基于互联网的、可用数据来训练的、文本生成的深度学习模型，GPT 是 AIGC 技术的一个种类。近期，数字化、企业服务、金融等行业都在探索与 GPT 的融合，泛娱乐社交产品融入 GPT 玩法也将是行业趋势。比如虚拟主播、桌游以及社交产品中的一些代聊场景，都很适合与大语言模型结合。

然而在大多数的 AIGC 场景中，企业都是选择文本互动的方式展开 AI 对话，

相比之下，实时音视频的互动方式就更加有沉浸感，与 AI 的互动感也更强一些。在围绕"实时互动+AIGC"的方向，声网率先在行业内进行了探索与实践，并推出了 AIGC 一站式音视频解决方案。

1. 核心优势

声网 AIGC 一站式音视频解决方案通过注入实时音视频能力，提供更真实、更有趣的 AI 互动玩法，并具备更沉浸、低延时、易开发三大核心优势，具体如下。

（1）音视频互动更具沉浸感

相比传统的通过 IM（即时通信）文字聊天与 AI 角色实现交互的方案，声网提供的"实时音视频+实时消息+虚拟形象"方案能够带来更真实自然的互动体验，从而更好地表达情感和传达用户的个性化意图。同时，实时音视频互动相比输入文字，操作更加便捷，并且能够与其他多模态互动方式结合，进一步提升用户体验。

（2）响应延时低至 1.9s 内

声网在音视频领域积累了深厚的技术优势，针对目前市面上大多数 AI 生成式对话响应慢的问题，声网的研发团队对 AIGC 场景下音视频互动的延时做了很多技术优化，可以将对话响应延时控制在 1.9s 内，也就意味着当用户对 AI 角色语音提问结束后，到 AI 开始说话的时间间隔可以做到 1.9s 以内，相比市场上绝大部分 AI 互动延迟在 6~7s 的方案要低很多。

（3）易开发，3h 快速上线场景

在场景开发层面，有些企业缺少 AIGC 所需的开发经验和能力储备，期望能够接入整体解决方案，对此声网提供封装完整的 SDK，包含实时音视频、实时消息、语音转文字（STT）/文字转语音（TTS）、语音驱动虚拟数字人嘴型等多种能力，并支持 API 快速调用，提供开箱即用的场景化 Demo，最快 3h（3 小时）即可实现方案快速验证。尤其对于想快速验证新场景的企业与开发者而言，可以节省很多开发时间。

2. 应用方向

声网 AIGC 解决方案的一站式产品能力集中在大模型能力、语言能力、场景人设定制、交互体验四个方向。

（1）国内外多种商用大模型灵活切换

大语言模型是整个 AIGC 解决方案最核心的部分，在大模型能力方面，声网也跟很多热门的国内外大模型进行了合作，根据业务场景集成测试了多个大模型的能力，以及支持开源大模型的私有化部署和模型微调（Fine-Tune），支持企业根据自身需求进行灵活切换。

声网会根据客户的场景选择合适的大模型，根据不同的场景做特定的模型数据库和 Prompt（AI 指令或 AI 提示词），同时结合声网 RTC 的低延时特性，让用户交互延迟达到最优，模型输出更符合真实场景。此外，声网在开源大模型层面也有在尝试做私有化部署，以满足部分企业对数据安全及网络的要求。

（2）支持丰富的语言能力

声网凭借在音频处理领域的经验，对"语言转文字（STT）+文字转语音（TTS）"模型精细化调优，实现人声分离、断句优化，让整个语言体验更加流畅。此外，声网还支持 AI 实时变声、定制化声音克隆，让声音听起来更具真实感。例如定制化声音克隆可以复刻现实中学生和老师的声音，学生在下课后可以更加真实地与老师的虚拟形象进行语音互动。

（3）场景人设定制

声网在 1v1（1 对 1）语音聊天等场景还对 AI 角色进行了人设定制，通过 Prompt 的方式设置 AI 角色的名字、职业、性格等丰富的人设属性并支持定制形象与声音。在场景玩法层面，声网也尝试了多人语音场景的验证，例如在《谁是卧底》《狼人杀》等多人游戏的场景中，AI 可以作为一个玩家参与到游戏中，真正与用户一起玩游戏。

（4）交互体验升级

围绕语音大模型的交互体验，声网也做了一些尝试，例如长期对话记忆，在一些对话场景中，用户在进行多轮文字互动后，大模型有可能记不住用户之前说的内容，影响对话体验。对此，声网通过实现多轮对话记忆，可以更好地应用在 AI 情感陪聊、智能办公助手等场景。对于需要 AI 精准回答特定行业知识、企业专业知识、多维度知识的客户，声网 AIGC 方案支持公域、私域 Vector DB 接入的能力，可以解决各种类型的数据分析和相关任务，特别是那些涉及高维向量数据的应用场景。比如近似搜索、推荐系统、图像识别、语音识别、时序分析、社交网络分析、图像/视频和文本的关联等。

通过在大模型交互对话中加入实时音视频能力，让 AI 交互更加有温度，更具真实感、沉浸感，让用户更有参与感，推动 AI 交互的进一步普及。同时，在泛娱乐社交领域通过 AIGC 的引入，也促进了社交连接方式的变迁，从人与人的连接，延伸到人与虚拟数字人的连接，为社交玩法创造更多想象空间。

1.5 互动体验指标的演变

实时互动中互动体验指标的演变分为 QoS（服务质量）与 QoE（体验质量）两个指标，Quality of Service（QoS）和 Quality of Experience（QoE）是音视频通话中常用的两个概念。

1.5.1 QoS 与 QoE

QoS 的含义是网络提供服务的质量，指一个网络能够利用各种基础技术，为指定的网络通信提供更好的服务能力，是网络的一种安全机制。QoS 技术通过优先处理重要的数据包，降低网络拥塞，减少丢包和延迟，提高网络性能。

QoE 的含义是用户体验质量，指用户对设备、网络和系统、应用或业务的质量和性能的主观感受，它是评估用户对服务质量的一种方法，通常被用来描述用户感知的视觉、音频和交互体验。QoE 不仅仅关注网络服务的技术指标，还包括用户对服务的期望、需求和满意度等因素。

两者之间的联系在于 QoS 是 QoE 的基础，只有网络提供良好的服务质量，才能让用户获得良好的体验。但是 QoS 并不能完全代表用户的体验，QoE 更多地关注用户的主观感受。

衡量 QoS 的指标包括带宽、丢包率、延迟、抖动等。衡量 QoE 的指标则比较复杂，包括视觉质量、音频体验质量、交互质量、响应时间等。

在音视频通话中，为了提高用户体验，通过技术手段不断地优化 QoS 指标，例如抗弱网、降低丢包率、减少延迟等。同时，针对 QoE 用户体验质量，业界也在探索 VQA 等算法模型，实现对实时互动场景用户接收端视频画质主观体验 MOS 分（平均主观意见分）的评估。

1.5.2 VQA 视觉质量评估

在实时互动场景中，视频画质是影响观众体验的关键指标，但如何实时评价视频的画质一直是个行业难题，需要将未知的视频画质用户主观体验变成可知。其中声网在探索符合实时互动领域的视频画质评价方法上取得了一定的成果，在 2022 年正式推出了业内首个可运行于移动设备端的视频画质主观体验 MOS 分评估模型。利用先进的深度学习算法，实现对实时互动场景中视频画质主观体验 MOS 分的无参考评价。我们把这一评价体系称为声网 VQA（Video Quality Assessment）。接下来将以声网 VQA 为例，解析下 VQA 背后的技术原理。

声网 VQA 是一套"评价主观视频质量体验"的客观指标,在声网 VQA 推出前,业界对于视频质量的评估已经有两种方法。第一种是客观的视频质量评估,这种方法主要应用在流媒体播放的场景中,并根据原始参考视频提供信息的多少来进行质量评价。第二种是主观的视频质量评估,传统的方法主要依赖人工观看视频并打分,虽然能一定程度上直观反映观众对视频质量的感受,但这种仍存在耗时费力、成本较高、主观观感存在偏差等问题。

以上两种传统的视频质量评估方法都难以适用于实时互动的场景,为了解决以上问题,声网构建了大规模的视频画质主观评估数据库,并在此基础上训练了业内首个可直接在移动端运行的 VQA 模型。它利用深度学习算法实现对实时互动场景接收端视频画质主观体验 MOS 分的评估,解除了传统主观画质评估对人力评分的高度依赖,从而极大提高视频画质评估效率,使实时的视频质量评估成为可能。

简单来说就是声网建立了一个视频画质主观评分的数据库,再通过深度学习算法建立了一个算法模型,并基于大量视频对应 MOS 分的信息进行训练,最终运用到实时互动的场景中,实现视频画质主观 MOS 分的精准模拟。

这其中的难点如下。

1)如何收集数据集,即如何量化人对视频质量的主观评价。

2)如何建立模型,使该模型能够运行在任何接收端,实时评估接收端画质。

声网首先建立了一个画质主观评估数据库,并参照 ITU(国际电信联盟标准)搭建了一套打分系统,用于收集评分员的主观打分,然后进行数据清洗,最后得到视频的主观体验 MOS 分。

为了保证数据集的专业、严谨与可靠,声网首先在视频素材整理阶段,做到视频内容本身的来源丰富,避免评分员打分时的视觉疲劳。同时,在画质区间上尽量分布均衡,避免在有些画质区间的视频素材过多,有些画质区间的视频又过少,这样对后续打分的均值会有影响。

其次,为了更符合实时互动场景,声网数据集的设计非常严谨,覆盖了多样化的场景视频损伤失真类型,包括暗光多噪点、运动模糊、花屏、块效应、运动模糊(摄像头抖动)、色调、饱和度、亮点和噪声等。打分指标也设置了 1~5 分,以 0.5 分为一个画质区间,每个区间精确到 0.1,颗粒度更细并对应了详细的标准。

最后,在数据清洗阶段,声网依照 ITU 标准成立 ≥15 人的评分员组。先计算每个评分员和总体均值的相关性,剔除相关性较低的评分员后,再对剩余评分员的评价求均值，得出最后的视频主观体验 MOS 分。虽然不同的评分员对于"好"和"坏"的绝对区间定义，或者是对画质损伤的敏感程度都不尽相同，但是对"较好"和"较差"的判断还是趋同的。

收集完数据，接下来需要基于数据库通过深度学习算法来建立视频主观体验 MOS 分评估模型，使该模型能够取代人工评分。由于在实时互动场景下，接收端无法获取无损的视频参考源，因此声网的方案是将客观（非主观）的 VQA 定义为接收端解码分辨率上的无参考评价工具，用深度学习的方法监控解码后的视频质量。

未来，VQA 还有很长的路要走，例如用于模型训练的 VQA 数据集，多由时长为 4~10s 不等的视频片段组成，而实际通话中需考虑近因效应，仅通过对视频片段线性追踪、打点上报的方式，或许无法准确拟合用户整体的主观感受。下一步还可以计划综合考虑清晰度、流畅度、互动延时、音画同步等，形成时变的体验质量评价方法。

第 2 章

实时互动与相关概念辨析

实时互动最基础功能之一是对信息的实时传输，与此相关的概念包括 CPaaS、RTC 和音视频云，但在具体的定义上，三者各不相同。

CPaaS 指通信平台即服务，是以用户通信为核心的云服务，强调通过 API（应用程序编程接口）和 SDK（软件开发工具包），将语音、SMS、数字消息、视频等通信功能嵌入到面向客户和合作伙伴的应用中。常见应用场景为：即时消息、音视频通信、多因素身份认证等。

RTC 指实时音视频，广义包括各种数据的实时传输，狭义更强调实时音视频的传输。RTC 与 CPaaS 的本质都是对信息进行转发，但 RTC 对网络延迟的要求更高，用户在正常通话过程中基本感受不到延迟的存在。常见应用场景为：网络电话 VoIP 、视频电话会议、远程在线/网真。

音视频云是指为满足视频与音频制作、存储、处理、分发以及分析、审核、检索、推荐、理解等特定需求而定制的云解决方案。具体而言，音视频云包括视频 CDN，以及在视频云基础设施上部署的云平台、应用解决方案。常见应用场景包括长短视频点播、在线视频直播、智能媒体处理、云渲染等。在音视频云中，只有注重互动、延迟低的内容需要通过实时音视频进行传输，大部分通过传统的 CDN 即可实现分发。

CPaaS、RTC、音视频云已相对成熟，但无法完整描述用户对场景真实性、信息多样化和交互多元化方面日益增长的需求，具体内容如下。

1）用户对场景真实性的需求不断提升，需要将道具、物品、介质真实状态进行同步展示。比如教育和协同办公场景下的白板、金融场景下的屏幕双录、社交场景下的 K 歌房等，不仅需要传递音视频信息，更需要增加人与物、人与空间的多种交互关系，实时动态地传递同一场景下的多维信息，因此大幅提高了场景的复杂度。

2）用户对信息多样化的需求不断增加，需要包含大量非语义信息交换来丰富信息交换的维度。信息交换是通信的基础，随着线下场景的线上化，更多"陪伴""现场体验"类场景不断涌现，如在线自习室、虚拟演唱会等，该类场景的核心价值在于共享虚拟空间下的陪伴，而非传统的信息交换。此时，用户体验的"真实性、还原性"比"通畅"更为重要。

3）用户对交互多元化的需求不断加，互动形式需要有拓展性。首先，需要满足用户互动规模的多样化，实现从一对一到多对多规模的快速拓展。其次，需要涵盖人和人、人和物的多样化的互动形式。最后需要考虑场景内，由空间位置差异引起的互动强弱差异。

具体而言，实时互动与 CPaaS、RTC、音视频云在信息形式、沟通方向、网络延时及核心指标上具有明显区别，决定了典型应用场景的差异性。

CPaaS、RTC 围绕着以人为核心的通信展开，其核心价值来自所传达的信息本身。而实时互动除了信息本身，还有很重要的一部分价值，来自于传输过程中的交互方式、交互场景，由此创造的信息维度更丰富、信息量更大。实时互动通过对 CPaaS、RTC、音视频云技术的组合、对实时性体验的极致突破、对场景化的加强，形成了一个更广泛、更全面的互联网基础设施。

与 CPaaS 相比，实时互动更强调情境信息、多种沟通关系的传递，以及对实时性的极致突破。在体验上，CPaaS 强调跟传统电信能力的结合，并非互联网原生，通过短信、电话、电子邮件等方式与用户建立连接后，跳转至 APP 内部进行深度沟通，无法创造连续的、沉浸式的体验。在核心指标上，CPaaS 注重到达率，以异步信息处理为主，而实时互动强调互动连续性和实时性，需要完成多维信息的实时同步处理。在行业参与者上，CPaaS 偏重于 PaaS（平台即服务，下文会详细介绍）的参与者，实时互动更加全面，包含所有层面的致力于在实时互动领域进行研发和创新的参与者。

与 RTC 相比，实时互动是基于其技术的、包括多场景的全方位升级。RTC 强调"通信"（Communication），要求对语义信息进行高质量与高效率的传递。而实时互动更强调"互动"（Interaction）和"情感交流"（Engagement）。实时互动不以语义信息的交换为唯一目标，旨在以数字化方式，创造用户所需的所有共享时空，满足其精神需求。

与音视频云相比，实时互动更强调实时的传输速度与多类型的信息内容。音视频云提供的音视频工作流，通常为单向传输，对时延要求不高。实时互动不仅需要满足音视频的双向传输与实时传递，还需添加大量其他信息如实时信令等。多向的互动方式和多类型的信息内容，决定了实时互动所面对的网络优化和延迟问题更加复杂，对于网络时延、卡顿率、到达率有着更高要求。

注：本节内容摘自中国信息通信研究院与声网共同研究编写的《实时互动产业发展研究报告》。

2.2　PaaS 与 SaaS、IaaS、aPaaS 的区别

在云服务行业，业界普遍将云计算按照服务的提供方式分为三大类：PaaS（平台即服务）、SaaS（软件即服务）、IaaS（基础设施即服务），而实时互动属于 PaaS 服务，但经常会有人将其与 SaaS 搞混淆，所以也借此机会详细地介绍下这三个概念的定义以及三者之间的区别，同时也区分下 PaaS 与 aPaaS 之间的不同。

一款 APP 从设计到落地，中间需要开发很多技术模块，有些模块的开发成本比较高，一旦企业自己开发，则需要组建一个技术团队耗费大量的时间去钻研开发，同时后期还需要不断去迭代版本与维护。例如搭建一个直播平台，需要开发直播系统、美颜功能、鉴黄系统、礼物系统等，其中直播系统相对来说就需要比较高的开发门槛。除了纯开发层面的事情外，还需要考虑到服务器和带宽的问题，包括服务器的采购、带宽的分配等，如果是一家创业型公司，团队规模几十人，想要解决这么多问题，那会让人非常头疼。这时候就需要 PaaS、SaaS、IaaS 来解决这些问题。

先说一下 SaaS，简单来说 SaaS 就是提供软件服务，直接给企业提供一套软件应用程序，企业不需要管理或搭建任何云计算基础设施，包括网络、服务器、操作系统、存储等。以视频会议场景为例，SaaS 服务就是直接给企业提供一款视频会议软件，对于企业来说，安装这个系统本身是需要有服务器的，但是服

务器本身的成本、硬件成本、企业人力运维的成本都是由提供软件的 SaaS 服务来承担，企业只需要购买视频会议的付费账号，就可以直接使用这套会议软件，像日常工作中经常用到的腾讯会议、企业微信、钉钉、飞书等都属于 SaaS 的范畴。

而 PaaS 与 SaaS 最大的区别是公司的产品还是需要自身开发一部分的，只是其中某一个功能存在一定的技术门槛，开发成本较高，才会引用第三方的技术。例如，实时音视频服务就是属于 PaaS 服务，某企业需要开发一款社交 APP，其中在功能上需要支持用户之间 1v1 视频聊天，但是企业自身开发音视频通话功能的经验较少，开发成本也相对比较高。那就可以去购买声网或第三方提供的实时音视频服务，开发者只需简单调用相关 API，就可以在应用内构建多种实时音视频互动场景，既节省了自身的开发成本，音视频服务的体验也能保证稳定、流畅。

IaaS 为基础设施即服务，指把 IT 基础设施作为一种服务通过网络对外提供，并根据企业对资源的实际使用量或占用量进行计费的一种服务模式。在这种服务模式中，企业不用自己构建一个数据中心等硬件设施，而是通过租用的方式，利用互联网从 IaaS 服务提供商获得计算机基础设施服务，包括服务器、存储和网络等服务。

IaaS 与 PaaS 有点相似，提供给企业的服务就是对所有计算机基础设施的利用，包括 CPU 处理器、内存、存储、网络和其他基本的计算资源，用户能够部署和运行任意软件，包括操作系统和应用程序。

在 IaaS 服务中企业拥有很高的灵活性和扩展性，可以根据自身的需求配置和管理基础设施资源，根据实际情况随时扩大或缩小所租用的资源规模。它具有可以帮助企业降低硬件投资成本、提高 IT 资源利用率、提高故障恢复能力等优点。常见的 IaaS 提供商有亚马逊云服务（AWS）、微软 Azure 等。

总体来说，IaaS、PaaS、SaaS 就像一个个倒金字塔的结构，IaaS 在最底层，提供基础设施级别的云服务，提供对象为企业。PaaS 在中间层，提供应用开发和部署平台，提供对象为开发人员。SaaS 在最上层，提供完整的应用程序作为服务，提供对象为企业或个人用户。

最后再介绍一下近几年比较火的 aPaaS 的概念。aPaaS 是应用平台即服务，本质上是一种介于 SaaS 和 PaaS 之间的服务，通过为开发者提供可视化的应用开发环境，降低或去除应用开发对原生代码编写的需求量，进而实现便捷构建应用程序的一种解决方案。

因此，aPaaS 平台也常被称为低代码或零代码平台，aPaaS 主要是依托一个可视化环境，提供基于云的快速应用程序开发工具和应用程序部署。

举个很简单的例子，aPaaS 就好比是乐高模型，如果你用的是 SaaS，那就是厂家直接提供把各个部件组装好的成品，无法满足个性化定制。而现在有了 aPaaS 就好比是厂家做了一些可以拼接的模块，企业能按照自己的想法进行拼接，想要什么形状就可以拼接出什么造型来。

aPaaS 将原来只能由专业工程师做的软件开发工作的门槛，降低到很多普通的、不会代码的非技术人员也能够编写程序的程度，而编写的方式主要就是进行模块化、可视化的拼接。

2.3　实时互动与即时通信的区别

实时互动和即时通信是两个不同的概念，实时互动是指能够实时地传输和处理各种类型的媒体数据（如音频、视频、文本等）的通信方式。它强调的是在通信过程中的实时性、低延迟和高可靠性。

而即时通信（Instant Messaging，IM）是一种特定形式的实时通信，主要用于文字信息的传递。IM 强调的是能够实时地与他人进行文字沟通，例如通过即时消息软件或平台发送和接收短信、聊天内容等。

举个例子，我们日常生活中经常用到的微信文字聊天就属于即时通信的范畴，而微信中的音视频通话就属于实时互动的范畴。

两者在应用场景、技术指标层面有着明显的区别，实时互动包括多种媒体形式的通信，包括音频、视频等，并且支持多种复杂的功能，例如"屏幕共享""白板"等，所以常用于需要实时沟通和协作的场景，如在线会议、1v1 视频聊天、远程医疗等。而即时通信更侧重于文字信息的传递，常用于日常的社交、在线客服等场景。

在技术指标考核方面，即时通信主要要求可靠，考核送达率。假如在文字聊天中，有好几条文字信息对方没收到，用户体验就太糟糕了。在实时互动中主要考核低延时、接通率、卡顿率等一系列指标，具体说明如下。

- 低延时：你和朋友音视频通话，每说一句对方得几秒钟才有回应，这通电话换任何人估计都进行不下去了。
- 接通率：打电话时你这边显示接通了，实际上对面的手机毫无反应，也就是没接通。就和发短信没送到一样，体验是非常糟糕的。
- 卡顿率：和朋友音视频通话，对方说话感觉非常卡，听起来一顿一顿的，声音也有点失真，这种情况一般都是遭遇了弱网的环境。

第 3 章

实时音视频技术流程解析

想要实现一段完整的音视频通话，在技术架构中需要包含采集、前处理、音视频编码、传输、音视频解码、后处理、渲染等很多环节。每一个环节，还有更细分的技术模块，例如，前后处理环节有噪声抑制、回声消除、美颜、锐化、超分等；传输有后台传输、客户端传输等。通过不同的技术组件实现音视频的实时传输和处理，形成一个完整的通话流程。

我们将在书中对实时音视频核心的技术流程进行完整展示，在每一个流程选取核心的细分技术模块进行解析。一方面，我们希望通过对音视频每个链路的技术解析让读者更加了解每一个技术模块背后的实现原理；另一方面，我们在大部分的技术流程解析中也加入了声网独家的技术最佳实践，希望通过声网的技术钻研与打磨经验，能给行业开发者带来一定的参考价值。

实时音视频核心的技术流程如图 3-1 所示。

3.1 音视频采集

音视频采集是指从设备（如传声器、摄像头）中获取音频和视频数据。在移动设备上，可以通过调用操作系统提供的 API（如 Android 的 MediaRecorder 和

Camera）来实现数据采集。

图 3-1 实时音视频技术的技术流程图

3.1.1 音频采集

在实时音视频通话中，首个环节就是音频的采集。音频采集是指将声音信号转换成数字信号的过程，使其能够在计算机和网络上传输和处理，主要存在以下几个要点。

1. 音频采集设备

音频采集设备通常包括传声器和声卡。传声器用于将声音转换成电信号，而声卡则负责将电信号转换成数字信号。

2. 采样率和位深度

音频信号的采样率是指每秒采集的样本数，常见的采样率有 8kHz、16kHz、44.1kHz 等。位深度是指每个采样点所需的比特数，常见的位深度有 8 位、16 位、24 位等。采样率和位深度的选择会在一定程度上影响音频的质量和文件大小。

3. 声音的采集过程

当我们说话时，声音通过传声器转换成电信号。声卡接收到电信号后，将其转换成数字信号。这一过程包括音频信号的采样、量化和编码。

4. 通信协议

音频采集完成后，数字信号可以通过网络传输给接收方。在实时音视频通话中，使用的通信协议常见的有 RTP（实时传输协议）和 WebRTC，这些协议可以保证音频信号的实时传输和同步。

3.1.2 视频采集

首先，视频采集是指使用专用设备或软件，通过摄像头或摄像机将现实世界中的视频信号转换为数字信号。传统的摄像机利用光学透镜和感光元件（如 CCD 或 CMOS）来捕捉并记录视频。而在实时音视频中，常用的视频采集设备有网络摄像头、USB 摄像头等。这些设备能够将视频采集到计算机或移动设备中，方便进行实时处理和传输。

视频采集涉及的主要技术包括图像传感器、信号处理和视频编码。图像传感器是指位于摄像头中的光电转换器件，它负责将光信号转换为电信号。常用的图像传感器有 CCD 和 CMOS 两种类型，其中 CMOS 逐渐成为主流技术，因为它具有低功耗、低成本和高集成度等优势。

信号处理是视频采集中的关键环节，它包括对图像进行放大、去噪、颜色校正等处理，以提高采集图像的质量。信号处理一般由视频采集设备中的芯片或软件来完成。这些芯片或软件能够实时处理大量视频数据，以确保视频质量的稳定和流畅。

视频编码是指将采集到的视频信号进行压缩和编码，以减少传输所需的带宽和存储空间。常用的视频编码标准有 H.264、H.265 等。这些编码标准能够根据视频内容的特性，自动选择合适的压缩算法，以保证视频的质量和传输效率。

这部分内容我们会在后面的 3.3.2 视频编解码一节进行详细介绍。

3.2　音视频前处理

在音视频采集后，我们需要对采集的音视频进行处理，例如音频部分需要进行降噪和回声消除处理，以提高音频的质量。降噪技术可以去除噪声，使语音更清晰。回声消除技术可以消除因扬声器和传声器之间的信号反馈而产生的回声。视频部分需要进行美颜、滤镜、视频去噪等，在前处理环节我们依次选取了声学回声消除（简称回声消除）、自动噪声抑制、自动增益控制、声音美化（简称美声）、美颜、视频去噪、人像分割七个技术模块进行科普解析。

3.2.1　声学回声消除、自动噪声抑制、自动增益控制

声学回声消除（Acoustic Echo Chancellor，AEC）、自动噪声抑制（Automatic Noise Suppression，ANS）、自动增益控制（Automatic Gain Control，AGC）三种音频算法合称音频 3A 处理技术，是音频前处理中的重要环节，在实时音频通话中起到至关重要的作用，可以消除干扰、提升目标音频质量，使听者能够获得更好的音频体验。

1. 声学回声消除（AEC）

声学回声是指由通信设备的扬声器发出的声音经过声学环境传播被传声器采集到的信号。在实时音频互动中，回声信号会严重影响通信双方的音频可懂度和通信体验舒适度。因此回声消除成为音频通信过程中一项必要的处理环节。

回声消除技术的原理是通过分析传声器采集到的音频信号和扬声器播放的音频信号之间的相关性，来估计得到音频声学传播路径的冲激响应，然后根据估计的回声路径冲击响应与扬声器的播放信号估计传声器采集到的回声信号，最后通过逆滤波的方法将估计的回声信号从传声器采集的音频中减去，达到消除回声的目的。常用的回声消除算法包括基于各种判决准则的自适应滤波法、卡尔曼滤波法等。

其中，自适应滤波法是通过采集回声信号和传声器输入信号之间的相关性信息，来动态地调整滤波器参数，以适应不同的回声环境。卡尔曼滤波法首先预测得到初步的结果，然后根据实际采集信号与估计信号之间的误差对初步估计结果进行修正，从而得到更为准确的滤波器系数。

近年来，基于深度学习理论的各种方法也在回声消除领域取得了一定的突

破。数据表明，基于深度学习的回声消除技术相较于传统基于信号处理的回声消除方法具有显著的优势。传统方法的滤波器长度有限，估计误差受环境噪声的影响较大，残留回声与目标信号之间的特征区分度不明显，这些都使得单一传统回声消除方法难以适应复杂多样的应用场景。而基于深度学习的方法能够充分发挥神经网络的学习与表征能力，挖掘出回声信号与周围环境以及目标信号的内在关系，能够更加准确地从带噪信号中恢复出目标信号，对复杂的应用环境和丰富音频信号具有很强的适应性和泛化能力。

然而，基于深度学习的回声消除技术也面临一些挑战。首先，需要大量的人工标注数据对回声消除网络进行训练，从而产生额外的数据采集和处理成本。其次，网络的训练迭代和参数调优需要较长的时间，难以快速响应线上问题。此外，当遇到一些"疑难杂症"，例如回声信号和目标音频信号在频谱上有很强的重叠时，回声消除网络可能会产生混淆从而导致预测结果出现差错。因此，需要额外花费较多时间去研究和不断提升网络的鲁棒性和准确性。虽然基于神经网络的回声消除技术仍然面临着一些挑战，但该技术在音频信号处理领域具有广阔的应用前景，可以有效改善人们在有回声的场景中对语音通话、语音识别服务的体验。

2. 自动噪声抑制（ANS）

降噪是指通过各种技术手段减少音频信号中的杂乱噪声。在实时音频处理中，降噪通常包括预处理和后处理两个阶段。

- 预处理阶段：在声音采集阶段，降噪系统会首先获取音频信号，并利用特定的算法进行初步处理。常用的降噪算法包括均值滤波、中值滤波和自适应滤波等。这些算法通过分析音频信号的统计特征，去除其中的噪声成分。
- 后处理阶段：在音频采集后，降噪系统会对音频信号进行进一步处理。后处理阶段的降噪算法通常包括频域滤波、时域滤波以及混合滤波等。这些算法通过对音频信号在频域或时域进行分析，去除其中的噪声成分。

降噪技术有以下多种。

1）最常见的是基于频域分析的算法。这种算法通过对带噪音频信号进行傅里叶变换，将带噪音频信号从时域转换到频域，然后根据语音和噪声的频谱特征来估计噪声谱，然后将估计得到的噪声谱从带噪信号谱中减去得到估计的目标信号频谱，再使用逆傅里叶变换将估计的目标信号频谱转换到时域。常用的噪声估计算法包含最小值跟踪、递归平滑方法、分位噪声估计方法等。常用的噪声抑制算法包括谱减法、基于各种判决准则的滤波法（例如对数幅度谱减法等）。

- 谱减法是一种简单而有效的降噪算法。它的原理是通过对音频信号的频谱进行减法运算，将原始频谱中的噪声成分减去，得到降噪后的频谱。然后再将降噪后的频谱转换回时域，得到降噪后的音频信号。谱减法虽然简单，但在大部分情况下都能取得较好的降噪效果，不过会引入明显的音乐噪声。
- 对数幅度谱减法在保证降噪效果的同时，能够明显改善音乐噪声，改善人们的主观体验。

2）另外一种降噪算法是光谱平滑法。它的原理是通过对音频信号的频谱进行平滑处理，以减少噪声的能量。光谱平滑法常用的平滑技术有移动平均法和中值滤波法。

- 移动平均法通过对频谱中的相邻频点进行平均，使得频谱变得平滑，减少噪声的影响。
- 中值滤波法则通过对频谱中的相邻频点进行中值运算，将频谱中的离群点（即噪声点）滤除，得到平滑的频谱。

以上两种方法在实际应用中通常相结合，以获得更好的降噪效果。

3）降噪技术的发展，依赖于数字信号处理和机器学习等领域的进步。近年来，基于深度学习的降噪算法得到了广泛应用。这类算法通过使用深度神经网络对音频信号进行建模，不仅能够有效地抑制稳态噪声，对于非稳态/突发噪声也有非常良好的效果。在传统的音频降噪方法中，通常使用滤波器或者统计模型来估计并减小噪声成分。然而，这些方法需要手动定义特征或者假设数据的统计性质，因此效果受限。基于深度学习的音频降噪技术通过建立深度神经网络模型，可以自动学习特征和模式，进而实现更为精准的降噪处理。

- 一种常用的基于深度学习的音频降噪技术是自编码器。自编码器是一种无监督学习模型，它通过将输入数据编码为低维表示，并通过解码恢复原始输入。在音频降噪中，自编码器的输入是包含噪声的音频信号，输出是降噪后的音频信号。通过训练自编码器模型，可以学习到噪声和信号之间的映射关系，从而实现降噪处理。
- 另一种常用的基于深度学习的音频降噪技术是使用卷积神经网络（Convolutional Neural Networks，CNN）。CNN 是一种专门用于处理具有网格状结构数据的神经网络。在音频降噪中，CNN 可以直接从音频频谱图或时域信号中提取特征，并通过多层卷积层和池化层进行降噪处理。通过训练 CNN 模型，可以学习到噪声和信号之间的空间关系，从而实现降噪处理。

除了自编码器和 CNN，还有其他一些基于深度学习的音频降噪技术，如基于循环神经网络、深度生成模型和生成对抗网络等。这些模型可以通过大规模数据集的训练，学习到音频信号的潜在分布，并生成去除噪声的音频信号。

在实际应用中，基于深度学习的音频降噪技术通常需要大量的标注数据进行训练，并使用适当的损失函数和优化算法进行模型训练。此外，为了提高模型的降噪性能，可以结合其他音频处理技术，如语音增强、单声道分离和声源定位等。通过这些综合应用，基于深度学习的音频降噪技术可以在语音通话、音频重建和语音识别等领域发挥重要作用。

总而言之，基于深度学习的音频降噪技术通过建立深度神经网络模型，能够自动学习音频信号的特征和模式，并实现精准的降噪处理。尽管这些方法需要大量标注数据和计算资源进行训练，但在实际应用中已经取得了显著的成果，为音频质量的提升提供了有效的解决方案。

3. 自动增益控制（AGC）

AGC 技术的核心算法是动态调整增益，在保持音频信号在一定范围内不失真的前提下，根据音频信号的特点和需求来自动调整增益值。具体来说，AGC 技术根据输入音频信号的能量水平动态调整音频增益，当音频信号的能量较大时，减小增益值，以避免音频信号过大而造成的失真；当音频信号的能量较低时，增加增益值，以避免音频信号过小而导致的难以听清的问题。

AGC 技术的实现通常包括以下几个环节。

1）音频信号预处理：对音频信号进行滤波、降噪等处理，以提取出音频信号的有效信息。

2）能量估计：通过对音频信号进行时域或频域分析，得到音频信号的能量水平。这个能量水平可以通过平均能量值、峰值能量值或其他统计量来表示。

3）增益计算：根据音频信号的能量水平，计算出相应的增益值。通常可以使用简单的线性关系来计算增益值，也可以根据实际需求设计更加复杂的增益计算算法。

4）增益调整：根据计算得到的增益值，对音频信号进行增益调整，可以通过乘以增益系数、改变音频信号的振幅或其他方式实现。

5）输出处理：对经过增益调整的音频信号进行输出处理，如混音、压缩等，以最终得到符合要求的音频信号。

AGC 技术的优点在于它能够实现音频信号的自适应调节，避免了手动调节增益的复杂性。同时，该技术还能够提高音频信号的品质，使得音频信号在各种环境和设备中都能保持适当的音量水平。

然而，AGC 技术也存在一些挑战和局限性。例如，在音频信号中存在较大的噪声时，该技术容易被噪声干扰，增益调整不准确；同时，在音频信号中存在较大的动态范围（如音乐等）时，该技术可能无法实现准确的增益调整。

总而言之，AGC 技术是一种在音频处理中常用的技术，通过动态调整音频信号的增益，使音频信号在合适的范围内保持一定的音量水平。AGC 技术能够自适应地调节音量，提高音频信号的品质，但也存在一些挑战和局限性。在实际应用中，需要根据具体需求和场景选择适合的 AGC 算法和参数设置，以实现最佳效果。

综上所述，实时音频技术中的 3A 环节，即自动噪声抑制（ANS）、自动回声消除（AEC）、自动增益控制（AGC），在音频处理的各个方面起着至关重要的作用。它们通过调整音频信号的增益、消除噪声和抵消回声，提高音频质量、增强语音清晰度，从而改善整体用户体验。这些技术的应用可以广泛用于电话会议、语音识别等场景，为实时音频通话提供更好的性能和用户体验。

3.2.2 声音美化、美声

声音美化、美声都统称为美声音效，是指对输入音频进行信号处理操作，通过滤波、混响、压缩、均衡、失真、激励、延迟、频移、去相关等技术手段，在听觉上产生各种效果。因此，音效可以被视为一种修饰，通过将这些信号处理操作结合使用，可以制作出各种丰富多样的音效。这些音效可以用于音乐制作、电影制作、游戏设计、实时通信（语聊、唱歌）等领域，以增强声音的表现力和吸引力，创造出更具感染力和独特的音频体验。

比如压缩、激励、滤波的组合往往作为基础必备套件用在美化人声语聊上。针对需要的音效，比如磁性、清脆，以及声音的特性设置不同的参数来达到效果。

在唱歌场景下，添加混响几乎是一个必备的操作，可以起到美化歌声的作用。根据自己的偏好，可以选择不同声学环境的混响，比如 KTV 包房、录音棚等。这些特定房间混响可以通过实地声学测量采样或者房间建模计算得到。

在语聊和唱歌的场景中，往往会增加一些提高音质的操作，比如去齿音，就是用信号处理的方法去除说话或者唱歌时候的嘶嘶声。常见的做法是，包括在齿音的频率段使用陷波滤波器，在齿音的频率段使用压缩器等。

　　除此之外,一些特殊的音效,以及很难在现实生活中听到的混响,比如"空灵"感等,可以通过数字滤波器和反馈延迟网络等的组合来实现。

　　如果想增加一点趣味性,那么"变声"的功能是多数人的选择。这里所说的变声是指用信号处理的方法来改变"发声"形式,包括改变口腔大小、喉咙长度宽度等。这个效果可以通过移动声音频率和共振峰来实现。这样的操作可以实现简单的男声变女声和女声变男声效果。

　　可以看出美声音效是基于各个操作模块的组合形态,最终成品需要对各个模块根据输入语音的特性进行参数调整。它里面的一个难点是没有一个明确的比对"目标"来验证这个音效的"好坏",这是因为每个人对于喜欢的声音定义不一样,可谓众口难调。

　　正因如此,美声音效功能的验收和把关得靠主观判断。除此之外,音效的制作,不仅需要可靠的信号处理模块,还需要理解各个模块内部的参数以及调整该参数对应的音效体现。

　　在实时互动场景中,美声音效的实现需要尽可能的低延迟、小算力。这里就要考虑到平衡听感和音效本身实现的复杂程度,尽可能地减少不必要或者效果不明显的模块。

　　以声网自研的一套美声音效算法为例,它可以提供几乎所有实时互动场景所需要的音效。重点应用场景,比如语聊、唱歌、直播等,声网比对摸索了各个平台的音效,根据应用场景的特点设计了适合该场景的最优音效。以语聊为例,声网提供给没有专业设备的主播一套音效,使其可以拥有像专业主播一样的音质。

　　目前,对于某个音效的设计过程依赖于人工经验来调整所需的模块和其组件的参数。这样一来,整体的研发过程会拉得很长,并且过程会非常烦琐。因此,开发自适应设计音效模块及其参数的匹配方法是值得研究的一个课题。通过分析大量音效数据和听感/感知的关系,可以建立模型来自动模块选择和参数调整的过程,从而减少人工干预的需求。

3.2.3　美颜

　　在当今社交媒体盛行的时代,自拍照片、拍摄 Vlog、开直播等已经成为日常社交中不可或缺的一部分。无论是朋友圈、微博、抖音、快手,人们普遍热衷于上传自己感觉最美、最吸引人的照片、视频,以展示个人的魅力和获取更多的关注。人们对于拥有完美的外貌、肤色、妆容的意愿越来越强烈,于是,美颜技术应运而生。

美颜是一种利用图像处理、深度学习、人脸识别等技术手段，自动检测和分析面部的特征，从而改善肌肤肤色、纹理、瑕疵等问题，使肌肤看起来更加光滑、均匀、细腻；同时，还可以自动改变眼睛、嘴巴、脸颊的形状和大小，塑造出健康、年轻和美丽的外观。美颜的目的是提升个人外观的吸引力，使人在社交场合更加自信和富有吸引力。

美颜技术的出现不仅改变了人们对自己外貌的认知，也满足了人们对美好形象的渴望。无论是在社交媒体上展示自己的生活，还是在线上交友或是做电商推广，美颜都是一个不可或缺的工具。

1. 美颜的基础技术

美颜是对图像中人脸进行美化的综合技术，美颜的首要任务是准确定位图像中的人脸以及五官，然后根据人脸的特征，进行个性化的美化。美颜依赖的基础技术包括人脸检测、人脸关键点检测。

- 人脸检测是从图像中找到人脸的位置并采用矩形框的方式将人脸标识出来。由于人脸检测提供的信息比较粗糙，要想获取更精细、详细的人脸信息，比如，脸型、嘴巴、眼睛、鼻子的位置和几何形状，则需要进行人脸关键点检测。

- 人脸关键点检测也称为人脸关键点定位或者人脸对齐，是在获取到人脸在图像中具体位置的基础上，进一步定位人脸五官的位置。这些人脸五官位置信息，是一些具有明确语义定义的离散点，因此称为人脸关键点。通常，人脸关键点定义在人脸的脸颊、嘴巴、眼睛、鼻子和眉毛区域，将人脸关键点连接起来，能够描绘人脸的几何特征。利用人脸关键点，可以定位嘴巴、眼睛、鼻子、眉毛的位置，以及推断脸型、嘴巴、眼睛的几何形态和头部的姿态。在不同的表情、姿态、光照和遮挡条件下，准确、快速、稳定地定位人脸关键点，是一项极具挑战的任务。

2. 美颜的分类

如今美颜技术的功能强大、种类繁多，可根据功能归类为如下五类：滤镜、美肤、美型、美妆、贴纸。

1）滤镜是一种通过调整图像的色彩、对比度、饱和度、明暗等参数来改变图像外观的技术。它可以让照片或视频呈现特定的色调、风格或效果，如黑白、复古、冷色调等。滤镜是通过对整个图像应用特定的图像处理算法来实现的，因此不需要分析图像中的人脸特征，方法简单高效。早期的美颜技术主要的功能是滤镜。

2）美肤也就是我们熟知的磨皮，是对图像中人脸皮肤区域进行平滑处理，达到软化皮肤细节，去除皱纹、痘痘、瑕疵，使皮肤看起来更加光滑细腻和紧致。磨皮一般有两类作用：一是让画面变得平滑甚至模糊，二是去除画面中的噪点。在磨皮算法里主要的作用是过滤掉画面中微小的瑕疵，让颜色过渡更加平滑。其主要的思想是让中心像素颜色和周围像素颜色取加权均值，然后更新中心像素的颜色值。常用的磨皮算法有均值滤波、中值滤波、高斯滤波、双边滤波、导向滤波等。

3）美型主要应用在图片、视频中调整脸部五官的轮廓，使脸部看起来更瘦小、眼睛更大。常用的美型功能有瘦脸、小脸、窄脸、大眼、双眼皮、提鼻梁等。美型功能，通常是基于人脸检测、关键点检测算法和图像变形算法，对脸部进行调整。美型功能在美颜相机中被广泛使用，给用户在拍照或自拍视频时提供改善外貌的选择，达到更加理想的效果。

4）美妆是一种在图像或视频中实时应用化妆效果的技术。它可以通过计算机视觉和图像处理技术，将不同类型的彩妆效果应用于人脸上，以改善人脸的外观，在图像中呈现可媲美真实化妆的效果。常用美妆功能有眉毛、眼睫毛、眼影、眼线、瞳孔、腮红、唇彩等。

5）贴纸是美颜算法中的一种功能，它可以向人脸图片或视频中添加各种图案、表情、文字等装饰效果。贴纸可以让人脸更加生动有趣，并且可以提高用户在自拍照或拍摄短视频时的趣味性和互动性。

贴纸算法的基本原理是通过人脸检测和跟踪技术，在图片或视频中自动识别出人脸的位置和姿态信息，然后将精心设计的贴纸图案根据人脸的位置和姿态信息进行变换、贴合和渲染，最终显示在人脸上。一些先进的贴纸算法还可以根据人脸表情的变化，实时调整贴纸的形状和样式，使贴纸与人脸更加贴合。

贴纸算法在美颜相机、社交媒体和短视频中广泛应用。用户可以通过选择不同的贴纸来为自己的照片和视频增添各种效果，如可爱、搞怪、卡通等，使作品更具个性化和有趣。同时，贴纸还可以提供互动功能，如人脸跟踪、人脸替换等，增加用户与贴纸之间的互动性，使用户获取更好的拍摄体验。

3.2.4 视频去噪

很多人都知道音频降噪，但对视频降噪知道的比较少，视频降噪是一种可以消除或减缓视频中存在的噪声或干扰信号的技术。图像、视频从采集到播放的整个生命周期中会经历各种各样的处理过程，比如采集、剪辑、编码、转码、传输、显示等，每个处理过程都会引入失真。这些失真会影响视频的质量，导致观看体验下降，甚至影响视频内容的理解和识别。降低噪声强度，可提升图像主观效果，降低图像、视频的编码率，会使得视频编码中的运动估计更准确、熵编码速度更快。这些影响视频质量和清晰度的噪声来源如下。

1. 采集噪声

摄像头在图像采集过程中可能引入各种噪声，例如，图像传感器的暗电流噪声、热点噪声、固定模式噪声以及读出噪声等。这些噪声或者与电路热扰动释放的电子有关，或者与感光元器件在制造过程中产生的缺陷有关。其中，暗电流噪声和热点噪声与曝光时间有关，曝光时间越长，这两类噪声的强度越大。

2. 编码噪声

视频编码算法（如 JPEG、H.264 等）为了实现高压缩比，会舍弃部分细节或降低图像质量，从而引入一定程度的噪声。编码噪声主要来自于量化噪声、运动估计噪声、数据压缩噪声和图片质量损失噪声。

1）量化噪声：在视频编码过程中，必须对图像像素进行量化，将连续的像素值转换为离散的量化值，以减小数据量。量化过程中，会引入误差，即量化噪声。

2）运动估计噪声：视频编码技术通常会利用时间和空间的相关性，对视频序列中的运动进行估计和补偿。运动估计本身就可能引入一定的误差，称为运动估计噪声。

3）数据压缩噪声：视频编码过程中，数据会经过压缩算法进行编码。编码算法的目标通常是最大限度地减小数据量，以实现高压缩比。压缩算法的非精确性和丢失性质可能导致编码过程中引入噪声。

4）图片质量损失噪声：为了实现高压缩比，视频编码通常会丢弃一些细节和冗余信息。这些丢失的信息往往包含一些重要的细节和文本信息，这将导致图像质量损失，并引入噪声。

3. 传输噪声

视频信号在传输过程中会经历电磁辐射、电源线噪声、干扰信号等外部干扰，这些干扰会导致视频信号质量下降，出现噪点或抖动等问题。

（1）传统降噪方法

传统的视频降噪方法：可分为单帧降噪和多帧降噪。

1）单帧降噪

单帧降噪方法亦可分为空域降噪和频域降噪。

① 空域降噪方法有均值滤波、中值滤波、高斯滤波、双边滤波、导向滤波等。

- 均值滤波计算每一个像素点周围像素点（包括该点）的平均值，作为该像素点滤波之后的值，通常取以该像素点为中心的矩形窗口内的所有像素点来计算平均值。

- 中值滤波与均值滤波的区别在于，中值对矩形窗口内的所有像素值进行排序，取中值作为滤波后的值。

- 高斯滤波是一种加权滤波器，它根据高斯函数来选择权值进行线性平滑滤波，对随机分布和服从正态分布的噪声有很好的滤除效果。

- 双边滤波也是采用加权平均的方法，用周边像素亮度值的加权平均代表某个像素的强度，所用的加权平均基于高斯分布。双边滤波的权重不仅考虑了像素的欧氏距离（如普通的高斯低通滤波，只考虑了位置对中心像素的影响），还考虑了像素范围域中的辐射差异（例如卷积核中像素与中心像素之间相似程度、颜色强度、深度距离等）。

- 导向滤波是一种图像滤波技术，通过一张引导图 G，对目标图像 P（输入图像）进行滤波处理，使得最后的输出图像大体上与目标图像 P 相似，但是纹理部分与引导图 G 相似。

② 频域降噪的基本思想是将图像转换至频域后，根据图像自然特征的不同统计特性设计不同性质的滤波器进行噪声滤波，然后将频域滤波结果反变换至原空间域。主流的频域变换有快速傅里叶变换域、离散余弦变换域和小波变换域。

2）多帧降噪

多帧降噪的主要步骤有两个，对齐和融合。对齐就是找到多帧图像中像素（块）的对应关系。融合是将这些对应的像素（块）在空域或者频域做加权平均。为了确定加权平均的权重值，我们需要知道像素（块）之间的差异是由于对齐不准造成的还是因为噪声造成的，因此需要估计噪声强度。一个准确的噪声强度估计算法，对多帧降噪的效果会起到至关重要的作用。

（2）深度学习降噪方法

深度学习降噪方法：近年来，随着深度学习的发展和崛起，涌现越来越多的基于深度学习的视频降噪方法，在降噪效果方面，较传统方法展现出明显的优势。基于深度学习的方法，通常采用卷积神经网络模型，从大量的噪声图像和高清图像配对，学习噪声图像与高清图像之间的映射关系。基于深度学习的降噪方法，通常需要使用真实噪声的图像和高清图像 pair（配对）的数据才能取得较好的降噪效果。

基于深度学习的降噪方法，根据卷积神经网络模型输入图像帧数，可将方法分类为单帧结构和多帧结构。单帧结构，输入是一帧有噪声图像，经模型处理后，输出一帧去噪的图像。多帧结构，输入是当前帧图像及与当前帧时序上相关的多帧图像，经模型处理后，输出一帧去噪的图像。单帧结构，由于没有考虑视频时序上的相关性，经过降噪后的视频，有可能出现画质闪烁的现象，而多帧结构降噪后的视频，画面的流畅性及平滑性更好。

1）单帧结构

单帧结构的降噪方法，最早的方法是采用卷积网络，将带有噪声的图像经过一系列的卷积处理，最后生成一张只包含噪声的残差图。随后，研究人员相继提出"编码器-解码器"结合跳跃连接结构、生成对抗网络、循环迭代等方法。

2）多帧结构

多帧结构的降噪方法很多，比较经典的是 FastDvDnet。该方法的特点是不需要额外的模块来计算视频的帧间运动，它去噪的速度明显快于其他视频降噪方法。该方法取得很好的降噪效果的同时，能够兼容更大范围的噪声。在模型结构上，FastDvDnet 分为两个阶段。第 1 阶段，每连续 3 帧送入 Denoising Block 1，输出 1 个 Feature Map。通过连续 5 帧，执行 3 次这种操作，可得到 3 个 Feature Map。这 3 个 Feature Map 再送入第 2 阶段 Denoising Block 2，输出降噪后的图像。Denoising Block 是一个 Unet 结构，两个阶段的 Denoising Block 采用相同的 Unet 结构。

传统的视频降噪方法在效果上弱于基于深度学习的视频降噪方法，但对算力的要求相对低一些。而基于深度学习的视频降噪方法，处理视频的速度慢、计算资源消耗高。随着终端设备的计算能力不断增强，专用 AI 芯片的应用，在终端设备上采用深度学习的视频降噪方法将是一大趋势。

3.2.5　人像分割

伴随着线上会议、在线社交的需求暴增，越来越多的人开始使用视频通话的方式进行面对面的沟通交流。为了保护用户的环境隐私信息不被泄露，诸如腾讯会议、Zoom、MS Teams、Google Meets 等众多视频通话 APP 中都加入了虚化背景和替换背景的功能。这些功能的核心算法是人像分割算法，即自动识别出视频帧中的人像和背景部分，之后对背景部分做虚化或者替换的操作，从而达到保护用户隐私的目的。此外,不少娱乐直播中,也会通过替换背景增加可玩性。

语义分割算法是一个基础的计算机视觉任务,目的在于将图像中的每个像素点进行分类,它的输入是一张图像,输出是相同尺寸的单通道类别图,每个像素点标记了对应的语义类别。在自动驾驶、医疗图像、视频监控、遥感影像等中有着广泛的运用。人像分割算法是一种特殊的语义分割算法,它只区分前景人物和背景两个类别。

1. 传统图像分割算法

我们先来回顾一下分割算法的演进路程。传统图像分割算法主要是基于图像处理技术,包括基于阈值、区域、边缘检测、分水岭、聚类等方法。

- Otsu 阈值分割算法是一种基于图像直方图的自适应阈值选择方法,它可以通过寻找最佳阈值将图像分为两个类别,从而实现图像的二分分割,它的优点是简单快速,适用于图像中目标和背景的灰度级差别较大的情况,对于灰度级差异不明显的图像可能会产生不理想的分割结果。
- 分水岭分割算法则是一种基于图像的灰度梯度和区域边界的方法,它会把邻近像素点的相似性作为重要的参考依据,将在空间位置上相近并且灰度值接近的像素点互相连接起来构成一个封闭的轮廓,它的优点是能够处理复杂的图像场景,并且能够在目标之间保持较好的分割边界,然而对于图像中的噪声和纹理较强的区域可能会产生不理想的分割结果。此外,分水岭算法对初始标记的选择非常敏感,不正确的标记可能导致错误的分割。

2. 现代图像分割算法

现代图像分割算法主要包括两个阶段,第 1 阶段是基于传统机器学习的分割,不少研究者将 Adaboost、SVM、GMM 等机器学习算法,结合人工设计的特征应用到分割任务中。第 2 阶段便是基于深度学习的分割。FCN (Fully Convolutional Network) 于 2015 年提出,它使用全卷积层代替传统 CNN 中的全连接层,通过转置卷积操作实现图像尺寸的上采样,并结合跳跃连接将中间层特征与上采样后的特征进行融合,FCN 算法的提出标志着卷积神经网络(CNN)在图像分割领域的应用算是正式拉开了序幕。同年,另一个经典算法 U-Net 也被提出,U-Net 是一种经典的图像分割网络,由编码器和解码器组成,采用 U 形结构连接两部分。编码器用于提取图像特征,解码器通过上采样和跳跃连接逐步恢复分割结果的分辨率,同时将低层次的特征与高层次的特征进行融合。SegNet 是伴随着 U-Net 同时发布的，引入跳跃连接，来弥补下采样带来的信息丢失。Deeplab 系列算法相继引入空洞卷积（Dilated Convolution）、空洞池化金字塔模块（Atrous Spatial Pyramid Pooling，ASPP）、编解码（Encoder-Decoder）结构、跳跃连接（Skip Connect）等结构，取得了很好的分割效果。PSPNet（Pyramid Scene Parsing Netowork）提出了空间金字塔池化模块（Spatial Pyramid Pooling，SPP），主要围绕多尺度信息和全局上下文进行建模设计，同时也借鉴了 GoogleNet 的思路引入辅助 loss，帮助网络更好地收敛。HRNet（High-Resolution Network）是一种高分辨率网络，通过并行的多分支结构保留了高分辨率的特征信息。通过级联的并行分支，HRNet 能够提高特征表达能力，并在保持高分辨率的同时实现精细的语义分割。SegFormer 是一种最新的基于 CNN 的语义分割算法，采用 Transformer 结构进行特征编码和上下文建模。SegFormer 通过自注意力机制和分层特征表示来提取全局和局部的语义信息，实现高质量的语义分割结果。

3. 实时语义分割算法

上述的 CNN 语义分割算法，一般复杂度都很高，在 GPU 上都难以实时推理，因此一些实时语义分割算法相继被提出，我们这里所说的实时一般指在 GPU 上实现实时推理。ICNet 设计了一种新颖而独特的图像级联网络，充分地建模了低分辨率图的语义信息和高分辨率图的细节信息，实现了图像的实时语义分割所开发的级联特征融合单元与级联标签指导相结合，可以在较低计算量的情况下逐步恢复和细化分割的结果。

- BiSeNet 系列是实时语义分割网络中的经典工作之一，其围绕丰富的空间信息以及大感受野来设计双分支网络结构，最后再通过特征融合模块 FFM 进行信息整合。
- BiSeNetV2 提出了一种用于实时语义分割的具有引导聚合的双边网络，主要围绕低级空间细节和高级语义信息这两个方面进行建模。
- BiSeNetV3 引入了一个新的特征细化模块来优化特征图和一个特征融合模块来有效地组合特征。此外，借助注意力机制来帮助模型捕获上下文信息，并使用边缘检测来增强边界特征。
- DFANet 使用了推理速度较快的 Xception 骨干网络，设计了子网聚合和子阶段聚合两种特征聚合策略，最后通过轻量的解码器，融合不同阶段输出的结果，从粗到细地生成分割结果。
- PortraitNet 基于深度可分离卷积设计了一个轻量的 U-Net 结构，通过对人像标签进行膨胀、腐蚀操作生成人像边缘标签，用于计算边缘损失。同时，为了增强对光照的鲁棒性，它提出了一致性约束损失。

- SINet 则侧重于提升人像分割网络的速度，由包含空间压缩模块的编码器和包含信息屏蔽机制的解码器组成，空间压缩模块在不同路径上使用不同尺度的池化操作压缩特征空间分辨率，提取不同感受野的特征来应对不同尺度的人像，减少计算延时，信息屏蔽机制则是根据深层低分辨率特征预测的人像置信度，在融合浅层高分辨率特征时，屏蔽高置信度区域，只融合低置信度区域的浅层特征，避免引入无关的噪声。

4. 基于移动端的人像分割算法

在实时互动场景中，人像分割算法一般作为一个前处理算法，会在发送端上完成计算，受限于不同手机参差不齐的计算性能，我们往往不能使用复杂度太高的算法来完成这个任务，因此上述在 GPU 上实时推理的算法还不能达到 RTE 场景的使用要求。

针对移动端人像分割的难点，声网做了持续的技术钻研探索，最终研发出了基于移动端的人像分割算法，该算法的优势是成本低、功耗小、不依赖云端 GPU 服务器，仅仅依靠移动端设备自身的 CPU、GPU 或者 NPU 来实现计算。声网移动端人像分割算法是基于深度学习算法进行大规模的数据训练，学习图像和分割掩膜 Mask 的映射关系，是一个数据驱动的算法。相比传统算法，有更好的泛化性能，在简单和复杂场景中都有很好的分割效果。相比已有的深度学习算法，计算复杂度更低，能够做到在移动端实时运行，同时还保持较好的分割效果。声网的自研人像分割方案，采用了"编码器-解码器"结构，编码器部分使用了自研设计的轻量级骨干网络。小模型的泛化能力有限，我们需要更多的场景数据去提升小模型的泛化能力，但是数据集往往标注成本较高，我们通过大模型预标注加人工标注，随机替换人像背景等方法，高效地创建了一个大规模的数据集，取得了很好的泛化效果。

3.3　音视频编解码

音视频编解码是指将音频和视频信号转换为数字编码格式，并将数字编码格式的音视频信号转换为可听和可看的音频和视频信号的过程。编码是将原始音频和视频信号转换为一系列数字编码的过程，解码则是将数字编码的音频和视频信号转换为可听和可看的信号。

在实时音视频的技术环节中，是先编码再解码，但在实践中，编解码往往是不可分割的，所以我们在讲解中会将编解码作为一个整体进行介绍。

3.3.1　音频编解码

音频编解码技术是当前实时互动领域中的一项重要技术，它在音频传输中起着至关重要的作用。随着数字媒体技术的飞速发展和移动互联网的普及，音频的传输和交互已成为人们日常生活中不可或缺的部分。然而，要实现高质量的音频传输，需要解决许多挑战，包括带宽限制、传输稳定性、音频保真度等方面的问题。

在音频传输方面，解决音频质量和稳定性问题是至关重要的。传统音频传输受到了低采样率、低编解码还原度和高丢包率等问题的困扰。音频编解码技术的出现使得这些问题得到了有效解决。通过音频编解码技术，可以将数字音频数据进行高保真，高效地压缩和解压缩，从而实现对音频信号的高保真传输。这使得用户能够更接近面对面音频互动，体验到更加真实、清晰的音频效果。同时，音频编解码技术还能有效减小音频损失带来的不好体验，保证实时音频的稳定传输，使得音频通信在各类实时互动场景中都能够更加可靠和高效。

音频编解码器是实现音频编解码算法的载体，其设计目标是为了保证解码后音频质量的同时使用尽可能少的比特（容量）来存储高保真的音频信号。在过去，音频编解码算法主要基于非线性量化技术，虽然适用于绝大多数音频类型，但其压缩效率并不高。随着技术的进步，基于模型的音频编解码算法被广泛应用于众多音频传输与交互场景中。这些算法按照其压缩编码原理主要分为两个大类。第一类是基于"声源-滤波器"（Source-Filter Model）的人声发声模型，主要针对语音信号进行有效压缩，例如 3GPP 中标准化的 AMR（Adaptive Multi-Rate）、AMR-WB（Adaptive Multi-Rate Wideband），3GPP2 中标准化的 EVRC-B、EVRC-NW 等编解码器均使用了此类模型。第二类是基于心理声学中的频域掩蔽和时域掩蔽（Perceptual Masking Model）等人耳听觉特性进行压缩，可处理包括音乐在内的通用音频信号，此类编解码器包括 MP3（MPEG Audio Layer III）、AAC（Advanced Audio Coding）等。2010 年后，出现了如 EVS（Enhanced Voice Services）和 OPUS 这样统一语音和音频的编解码器。在实时互动的场景中，OPUS 编解码器由于其高压缩、低延迟、灵活的架构设计等特性，已经成为很多实时互动场景中的最佳选择。同时，为了使音频编解码器更加适用于 VoIP（Voice over Internet Protocol）的场景，其设计中还会考虑网络传输的影响，通过设计丢包补偿（Packet Loss Concealment，PLC）和前向冗余编码（Forward Error Correction，FEC）来有效提高在弱网情况下音频传输的质量与稳定性。

然而，随着实时音视频技术的不断发展，也带来了新的挑战和需求。传统音频编解码技术虽然解决了很多问题，但在特定场景下仍然存在一些限制。例如，在实时通信中，对于低带宽或网络状况波动较大的情况（如高丢包、大抖动等），传统音频编解码技术很难提供满意的音频质量。此外，传统音频编解码技术通常依赖于固定的压缩算法和参数配置，难以根据网络环境的变化灵活调整，从而导致音频传输在网络不稳定情况下的质量下降。在这样的背景下，人们开始探索更加先进的音频编解码技术，其中就包括 AI 音频编解码技术。

AI 音频编解码技术是近年来兴起的一种创新技术，它是基于深度神经网络的音频编解码算法与工程技术。与传统音频编解码技术相比，AI 音频编解码技术在保证音频质量的前提下，能够用更少的比特进行压缩，从而节省更多的带宽，提高弱网抗丢包能力，提高限宽场景中实时音频互动的并发数和低带宽情况下音频的质量与流畅度。AI 音频编解码技术的出现为实时音视频通信带来了新的可能性。

AI 音频编解码器模型主要由 "编码-量化-解码" 三个模块组成。在编码过程中，AI 音频编解码技术利用传统信号处理或深度神经网络对音频信号进行特征提取，并进行量化编码。而在解码过程中，深度神经网络通过其强大的音频相位学习与生成能力，将编码后的音频特征或向量转换为高自然度的音频数字信号，从而实现对音频信号的高效解压缩和高质量还原。AI 音频编解码技术的优势在于其能够利用深度神经网络的强大学习能力，更好地捕捉音频信号中的复杂特征，从信号中去除更多的冗余信息。从而实现更高效的音频压缩和解压缩。

AI 音频编解码技术在实践中已经取得了可喜的进展。例如，基于深度神经网络的声码器已被广泛应用于人声生成的 AI 算法中。这些声码器能够将语音特征或向量转换为时域信号，实现高质量的语音生成，比如一些知名的 AI 音频编解码器（包括 LPCNet、Google Lyra、Microsoft Satin 等）。此外，还有一类基于端到端的 AI 音频编解码算法，可以同时对人声和音乐进行有效压缩，实现更加高效的音频传输（代表性的有 Google Soundstream、Meta Encodec 等）。这类基于 Encoder-RVQ-Decoder 的端到端对称神经网络模型，使得模型的复杂度在编码端和解码端的分布更加合理，也更适用于实时通信中的多音频流接收的场景。

AI 音频编解码技术的发展为音频通信和互动提供了全新的可能性。然而，要将 AI 音频编解码技术成功应用于实际场景中，仍然面临着一些挑战。首先，AI 音频编解码技术在移动端的落地部署需要足够的硬件平台算力支持，尤其是解码端接收多路音频流的场景更具挑战。其次，AI 音频编解码模型由于其数据驱动的训练方式，需要有机制确保处理训练中没有覆盖的异常信号时，不会生成异常的音频。此外，AI 音频编解码技术在实时音视频通信中的应用也需要考虑算法延迟、传输丢包、网络抖动等因素，以保证音频传输的稳定性和实时性。

为了进一步推动 AI 音频编解码技术，当前的研究重点主要集中在以下几个方面。首先，需要进一步优化深度神经网络的结构和算法，在保证编码音质的前提下，降低模型对硬件平台性能的消耗。其次，需要探索更加高效的音频特征提取和量化方法，以实现更好的音频压缩效果。此外，还需要针对不同的应用场景设计并优化 AI 音频编解码器的配置和参数，以满足不同场景下的需求。

总体而言，音频编解码技术作为音频传输中的关键技术之一，能有效解决音频质量、带宽限制和传输稳定性等方面的问题。AI 音频编解码技术作为一种新兴技术，为音频通信和互动带来了新的可能性。然而，要将 AI 音频编解码技术成功应用于实际场景中，仍然需要继续进行深入的研究和探索。通过不断的创新和努力，相信音视频编解码技术会在未来得到进一步的发展和应用，为用户带来更加优质、稳定的音频通话和互动体验。

3.3.2　视频编解码

随着数字技术的不断发展和逐渐普及，视频编解码技术逐渐成为这个时代的重要标准。视频编解码技术，简单地说，就是将原始的视频数据进行压缩处理，使其尽可能地减小数据量，方便存储和传输，并在需要时对其进行恢复，以得到原始视频的过程。

我们将对不同的视频编解码标准进行解析，帮助读者理解在不同的应用环境下，如何选择合适的编解码标准，以及如何应用这些标准。视频编解码标准的演变和发展，是由多种因素驱动的，包括从模拟到数字视频的转变，从低分辨率到高清晰度视频的提升，以及从有线到无线网络的转变等。

视频编解码标准可以分为国际标准和国内标准两类。国际标准，主要由国际电信联盟（ITU）和国际标准化组织（ISO）制定，包括 H. 26x 系列、MPEG 系列等；国内标准，主要由工业和信息化部制订，包括 AVS 系列等。这些标准在电视、手机、网络和其他各种媒体上都得到了广泛的应用。

各种视频编解码标准的出现和发展，是由于技术进步、应用需求和经济效益的推动。对于视频内容的编解码，不同的应用环境可能需要选择不同的标准。例如，对于需要高清晰度视频的应用，可能需要选择 H. 265/HEVC 或者 AV1 等新的高效标准；而对于需要长时间录像的应用，可能需要选择 H. 264/AVC 或 MPEG-4 等较旧但效率较高的标准。

总之，了解和掌握视频编解码标准，对于相关技术的研究和应用有着重要的意义。希望通过对视频编解码标准的介绍，能帮助读者更好地理解和应用这些技术，推动视频编解码技术的进一步发展。

此外，随着 WebRTC 技术的发展，WebRTC 中所支持的视频标准对实时的音视频通话体验也有着重要的影响，下面也会针对 WebRTC 中的视频支持情况进行详细介绍。

1. 基础视频编解码标准的出现

（1）H. 261

H. 261 是国际电信联盟电信标准化部门（ITU-T）于 1988 年发布的第一个数字视频编解码标准。它为视频会议系统提供了压缩和解压缩的功能，主要应用于 ISDN 网络。H. 261 采用了一些基本的压缩技术，如运动补偿、变换编码和熵编码等，虽然在今天看来已经相对简单和低效，但它开创了数字视频编解码标准的先河。H. 261 在视频通信和视频会议等领域得到了广泛应用，为实时视频通信提供了高质量的编解码解决方案。它为后续的视频编码标准，如 H. 263 和 H. 264 等的发展奠定了基础。

（2）MPEG-1

MPEG-1 是于 1993 年发布的编解码标准，它是多媒体编解码标准组织（Moving Picture Expert Group，MPEG）的第一个标准。MPEG-1 主要针对 CD、VCD 等低码率应用场景进行优化，采用了更高效的运动补偿算法和离散余弦变换（DCT）技术。MPEG-1 的发布标志着视频编解码标准进入了一个新的阶段，它为后来的标准奠定了基础。

（3）H. 263

H. 263 是 ITU-T 于 1996 年发布的视频编解码标准。H. 263 相对于 H. 261 来说，进一步优化了压缩算法和编码效率，并且它支持多种分辨率和帧率配置，以适应不同的应用场景和传输要求。尽管 H. 263 已经发布了很长时间，但它仍然广泛应用于实时通信领域，特别是在视频会议和视频电话等应用中。然而，随着新的视频编解码标准（如 H. 264 和 H. 265）的出现，H. 263 逐渐被取而代之，但它仍然具有一定的历史和技术价值。

2. 高清视频编解码标准的崛起

（1）MPEG-2 Part 2

MPEG-2 Part 2 是 MPEG 于 1996 年发布的编解码标准，它适用于广泛的应用领域，如数字电视、数字广播、DVD 视频、数字存储等。MPEG-2 引入了更高级的编码技术，如帧内预测、自适应量化和可变长度编码等，使得视频质量得到了明显的提升。MPEG-2 的成功应用推动了高清视频编解码标准的快速发展。

（2）H. 264/AVC

H. 264/AVC 是由 ITU-T 和 ISO 于 2004 年共同制定的。H. 264 被广泛应用于数字视频传输，包括互联网流媒体、广播、蓝光光盘、高清电视等领域，也是当前应用最广泛的视频编解码标准之一。H. 264/AVC 采用了更高效的运动估计、变换编码和熵编码等技术，相比于之前的标准，它能够在相同的视频质量下实现更低的比特率。H. 264/AVC 的问世极大地推动了高清视频的普及和互联网视频的发展。

（3）VP8

VP8 是一种视频编解码器，它是由 On2 Technologies 开发的，后来被 Google 收购并作为开源软件于 2010 年发布。它是 WebM 多媒体容器格式的核心视频编码技术，同时也被广泛用于视频通信和流媒体领域。VP8 的开源性质使得它成为许多互联网公司和开发人员的首选编码器。它可以与其他开源软件库和工具集成，如 FFmpeg 和 GStreamer，使得开发者可以方便地使用 VP8 来实现视频编解码功能。此外，VP8 还具有跨平台的优势，在多种操作系统和设备上都能够运行和播放。

（4）VP9

VP9 是由 Google 开发的一种开源视频编解码标准，作为 WebM 项目的一部分，最早于 2013 年发布。VP9 支持无损压缩以及高动态范围（HDR）视频编码，这些前瞻性的技术使得 VP9 能够适应未来视频需求的变化。另外，开源的特性也使得 VP9 可以被任何人使用、修改和分发，这为各个行业的开发者和厂商提供了更多的灵活性和自由度。现在，VP9 已经被广泛应用于各种领域，包括在线视频、实时流媒体和视频会议等，得到了来自行业内众多厂商和媒体的广泛支持。

（5）AVS1

AVS1 是 AVS 系列的第一代标准，全称为 AVS1-P2，正式命名为"高分辨率音视频编码"标准。AVS1 标准是由我国国家标准化管理委员会组织制定的，涵盖音频、视频、系统的数字压缩编解码、实时传输技术等内容，主要用于数字电视、流媒体、视频会议、多媒体通信等应用中。AVS1 标准相比于其他同类标准来说，具有技术先进、专利清晰、免费开放等特点，对于推动我国相关产业的发展和国家信息安全具有重要意义。

3. 高效视频编解码标准的崛起

（1）H.265/HEVC

H.265/HEVC 是 ITU 和 ISO 于 2013 年发布的视频编解码标准，是 H.264/AVC 的后继者。H.265/HEVC 引入了很多的高级编码技术，如分块变换、帧间预测和更强大的熵编码等。相比于 H.264，H.265 在保证同等视频质量的情况下，能够减少约 50% 的比特率。这意味着，在相同的编码率下，H.265 可以提供更高的视频质量；而在相同的视频质量下，H.265 可以以更低的比特率传输视频。这使得 H.265 在带宽有限或网络条件较差的情况下，能够提供更高清晰度和更流畅的视频播放体验。H.265 已经广泛应用于各个领域，包括数字电视、视频会议、监控系统、流媒体等。虽然 H.265 在视频压缩方面有出色的表现，但是由于其复杂的编码算法，导致对硬件性能有一定要求，因此在一些老旧的设备上可能无法直接支持 H.265 解码。然而，随着技术的发展，越来越多的设备开始支持 H.265 编解码器，为用户提供更高效的视频传输和观看体验。

（2）AV1

AV1 编解码器的开发由联合视频编码小组（Alliance for Open Media，AOMedia）主导，其中包括谷歌、亚马逊、苹果、Mozilla 等多家科技公司的参与。AV1 的目标是提供更高的视频压缩效率，以支持更高分辨率和更大的色彩深度。AV1 采用了深度学习等先进技术，相比于之前的标准，它能够在更低的比特率下实现更好的视觉质量。AV1 编解码器具有广泛的应用前景。由于其开源和免费的特性，它可以被各种不同的设备和平台使用，包括计算机、移动设备、智能电视和视频流媒体服务。与现有的编解码器相比，AV1 提供了更高的压缩率，使得视频流媒体服务可以在较低的带宽下提供更高质量的视频内容。

（3）AVS2

AVS2 标准是在第一代 AVS 标准基础上进行改进来的。相对于上一代标准，AVS2 在编码效率、解码负荷和一些具体使用场景中的适应性等方面均有显著提高。在编码效率上，AVS2 相比于 AVS1 能够节约一半的编码率，更为高效；解码负荷也有所降低，在处理 4K 超高清视频时，只需千兆级别的解码速度，大大降低了硬件要求。超高清视频技术有着广泛的应用前景，包括电信、广播电视、互联网等多个领域，涉及电视直播、在线视频、安防监控等，都有可能大量使用超高清视频技术。

（4）H.266/VVC

H.266/VVC 是 ITU 和 ISO 于 2020 年发布的视频编解码标准，属于 H.265/

HEVC 的继任者。H.266/VVC 引入了更多的工具和技术，如分层编码、帧内预测和混合缩放等，来提高视频的压缩效果和质量。目前 H.266/VVC 是市面上压缩率最高的编码器，它在保持视频质量的同时，能将数据量压缩至 H.265 的一半，使其适用于超高清视频流的在线流媒体服务。

4. WebRTC 中支持的视频编码标准

目前 WebRTC 中支持 VP8、VP9、H.264 以及 AV1 这四种编码标准。

1）2011 年：WebRTC 项目由 Google 开始，并提出了用 VP8 视频编码标准进行视频通信。

2）2013 年：IETF RTCWEB 工作组将 H.264 和 VP8 作为最初的强制实现的视频编码标准提出。

3）2014 年：Google 宣布，在 WebRTC 中支持 H.264 标准。

4）2015 年：Firefox 发布了支持 H.264 的新版本。

5）2016 年：WebRTC 标准草案公布，包括 VP8 和 H.264 两种主流视频编码。一些主流的浏览器也开始逐步支持 VP9 的视频编解码标准。

6）2017 年：iOS 11 版本上的 Safari 浏览器开始支持 WebRTC，并默认支持 H.264 视频编码。

7）2020 年：Google 开始在 WebRTC 中测试新的 AV1 编码标准。

8）2021 年：Google 在 Chrome 90 版本浏览器中的 WebRTC 正式支持 AV1 的编解码标准。

目前声网的 SDK 除了支持 VP8、VP9、H.264 以及 AV1 之外，还支持 H.265 一共五种视频编解码标准，能够在任何网络状态、任何设备上选择最合适的视频编码标准，达到最优的视频通话体验。声网还对 H.264，H.265 以及 AV1 三个视频编码器进行了深度的优化和提升，其压缩的性能和编码的速度都远超市面上其他商用视频编码标准。最后，声网的视频编码器通过与网络模块的深度优化，能有效改善在复杂网络环境下的视频传输效果，通过智能恢复丢失帧、降低网络抖动等技术，让用户在任何网络环境下，都能享受到优质的视频通话体验。

3.4 音视频传输

经过编码压缩后的音视频数据需要进一步传输到接收端，再进行解码处理，这其中在传输阶段分为后台传输与客户端传输两个传输阶段。后台传输是指音视频数据在云端或服务器之间进行传输，而客户端传输则是指音视频数据在用户设备和服务端之间进行传输。在客户端传输中，发送端的音视频数据通过流媒体协议发送给接收端，常用的协议有 RTMP、RTSP、RTP 等。在后台服务器传输中，后台服务器负责接收发送方的数据，并将其处理并转发给接收方。为了保证数据传输的实时性，后台服务器之间通常采用对实时性具有更多控制力的协议，如 UDP 协议。

3.4.1　后台服务器传输

古希腊哲学家亚里士多德曾提到过"人是一种社会性动物"，人的社会性体现在人和人的相互沟通与协作，这是人处于社会关系之中的一种天然需求。如果我们回顾历史，从古时候的烽火狼烟到飞鸽传书，再到现代社会的电子通信，人类借助科技的力量不断扩展沟通的距离，互动的时效性越来越强，内容越来越丰富。伴随互联网的兴起，如何借助网络将各类实时互动的场景从线下搬到线上成为近年来实时音视频领域的一大课题。

为了支持实时互动场景需要首先解决不同的设备之间如何互联互通并能高效低延时地进行数据交换的问题。这个问题在实时音视频的后台传输的演化过程中曾经历过以下几种不同的架构形态。

1. 点对点或网状架构（P2P/Mesh）

假设有两个设备 A 和 B 需要通信，最直观的想法是让这两个设备各自在网络上暴露一个可访问的地址并让双方互相连接到对方的地址上，这个方法被称为点对点（P2P）架构。

要在互联网环境实现点对点通信，需要有以下两个先决条件。

1）两个设备在通信前需要提前获知对方的地址。

2）两个设备对外提供的地址在互联网上可访问连通。

第一个条件可以通过一个中心服务器来实现对双方的地址进行交换，在通信开始前双方先各自将自己的地址发布到此中心服务器上，在通信开始时从此中心服务器获取对方的地址。

第二个问题会更复杂一些。每个设备接入互联网的方式可能各不相同，设备本身可能并没有独立的公共可访问的 IP 地址，而是位于某个网关或防火墙之后，需要通过 NAT（网络地址转换）才能进行访问，根据运营商策略的不同甚至可能位于多层不同的 NAT 网络之中。此时从互联网上无法直接访问设备的局域网 IP 地址。为了应对这种情况，业界诞生了 NAT 穿越（打洞）技术，通过不同种类 NAT 设备的行为预测 NAT 网关对内部主机地址端口和外部主机地址端口的映射关系，从而在两个 NAT 后的设备间建立通信连接。不过由于 NAT 设备进行端口的工作方式不同，NAT 穿越技术在不同类型的 NAT 上难度并不相同，例如在对称型 NAT 环境上较难成功，整体的成功率并不高。

为了简化 Web 应用在互联网上实现点对点通信，Google 在 2011 年推出了开源项目 WebRTC，并在 2017 年 W3C 正式定稿 WebRTC 1.0 草案，WebRTC 加入 W3C 大家族。WebRTC 通过 ICE 和 STUN 协议完成设备间的发现与地址交换，内置 NAT 穿越能力，并且允许在 NAT 穿越失败的情况下有条件地回退到通过服务端转发（TURN）的方式。WebRTC 地推出与标准化极大降低了在 Web 应用上实现点对点通信的难度，并早已不再限于 Web 浏览器中使用，在桌面端、移动端、甚至物联网设备端都已有广泛的应用。

除了 NAT 穿越技术的成功率限制外，由于点对点架构需要在通信的设备之间两两建立连接，这个架构在伸缩性上也具有很大的局限性。

如果只有 2 个用户参与通信，只需要 1 个连接。如果有 3 个用户，则需要 3 个连接。如果有 n 个用户同时参与，则需要 $(n(n-1))/2$ 个连接，连接数以及交互的数据量与用户数之间呈平方关系。具体通信设备连接架构如图 3-2 所示。

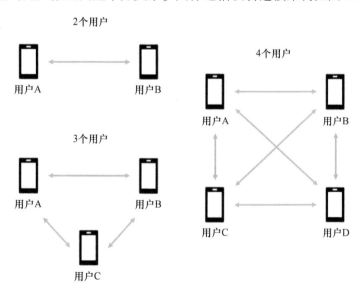

考虑到每个设备的计算能力与可用的带宽有限，点对点架构天然更适用于较少设备同时进行互动的场景。

2. 服务端合流或多点控制单元架构（MCU）

服务端合流架构由一组中心化的服务器对实时通信中来源于不同设备的音视频流进行混流处理，将多条音频或视频流合成一条音频或视频流后发送给参与交互的设备。MCU 架构的数据流向如图 3-3 所示。

在 MCU 架构下，由于大部分逻辑都在服务端进行处理和计算，每个端侧设备仅需要处理一路自己需要发送的上行流和一路来自服务端的下行流，端侧的设备和网络要求非常低。因此，这个架构在例如传统依赖硬件会议终端的电话会议场景上得到了广泛的应用，能够将每个终端的性能和成本控制在相对较低的水平。

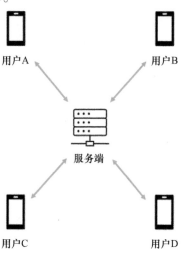

图 3-3　MCU 架构示例图

MCU 架构能够支持多个设备的音视频混流，并且由于在服务端进行控制，能够和设备之间获得更多的关于性能和网络当前状况的信息，并可以根据需要针对不同的设备情况定制不同编码或码率的输出音视频流，也能够解决例如不同设备之间存在性能和编解码能力差异的问题。

但是，由于 MCU 架构依赖中心服务器进行混流，需要服务端进行至少一次额外的编解码操作，一方面潜在会带来更高的延时，另一方面需要消耗大量的服务器资源来进行相应的计算。因此，虽然相比于 P2P 架构能够支持更多用户之间参与互动，但单台服务器能够支撑的用户数仍然相对较少，并且带来高昂的服务器成本。

此外，由于服务端对原始的音视频流进行了合流处理，输出只有一路音视频流，接收端无法针对某个音视频流进行单独处理，在灵活性上具有一定的限制。举例来说，如果用户希望可以自行决定选择放大某个其他用户的画面进行观看，这样的布局需求在 MCU 架构上会较难以低成本来实现。

3. 服务端选择性转发架构（SFU）

与 MCU 架构不同，服务端选择性转发架构（SFU）提出了另一种在有限成本情况下解决 P2P 架构下 NAT 穿越成功率无法保证且难以支撑多人互动问题的方案。SFU 架构利用一个或一组中心部署的服务器将端侧设备发送来的音视频流根据应用的策略选择性地下发到需要接收的一系列设备上，服务器本身仅对音视频流进行转发而不进行需要类似编解码在内的大量计算量的合流操作。对应的，每个设备需要处理一路自己发送的上行音视频流和自己关心的多路下行音视频流。

SFU 架构的数据流转如图 3-4 所示。

与 P2P 架构相比，SFU 架构对于任意的一个设备来说只需要发送一路音视频流给到 SFU 服务器，剩下由服务器负责转发，因此不用提前发现其他用户的 IP 地址，也不需要依赖 NAT 穿越技术来打洞，成功率得到有效保障。另外设备自己产生的数据只需要发送一份，即每个设备只需要处理与自己相关的音视频流而不用因为要发送给不同的人而产生多份的处理，降低了设备的性能和网络要求。

与 MCU 架构相比，SFU 的服务端实现要简单灵活得多。由于不用在服务端进行额外的编解码处理，可以降低服务端带来的延时，提供更好的实时性。并且与 MCU 相比极大地降低了服务器的资源消耗，单个服务器能够支持高得

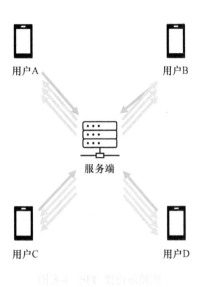

图 3-4　SFU 架构示例图

多的并发用户，有效降低了服务器成本。设备端由于能够接收到不同用户独立的音视频流，也能够针对某些音频流做进一步的处理，可以根据不同用户的需要应用不同的媒体策略。服务端也能根据用户关心的音视频流进行选择性转发，从而能够针对不同场景在应用层对整个系统的消耗进行优化。

不过，由于在 SFU 架构下每个设备依然需要接收和处理多条自己关心的用户所发送的下行音视频流，SFU 架构对设备端的性能和网络要求相比 MCU 来说会更高，同时能够观看或收听的音视频流数也会受到设备端的性能限制。

SFU 架构一方面解决了 P2P 架构下连通率与质量的不可控性的问题，另一方面从服务端成本上相较于 MCU 架构更为经济，SFU 架构对于基于互联网的实时通信（RTC）应用有着天然的友好性，因此也得到众多实时通信应用的青睐。

3. 分布式服务端选择性转发（SFU）架构

传统的 SFU 架构（包括 MCU 架构）依赖一个或一组中心化的服务器来进行媒体数据的转发。由于参与互动的用户在地理位置上可能位于全球的不同区域，用户设备与 SFU 服务器之间的网络传输依赖公共互联网，可能存在较为不可控

的质量问题。

因此，在这种传统的 SFU 架构上更进一步演化出一种分布式 SFU 架构。分布式 SFU 架构的特点在于为不同区域和运营商的用户提供了不同的接入点，这些接入点对于对应地区或运营商的部分用户提供了较好的接入质量保证。而跨区域或运营商之间的网络传输转化为相对更可靠的服务器间传输。

分布式 SFU 架构如图 3-5 所示。

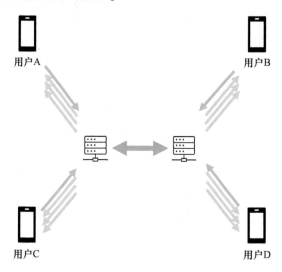

图 3-5　分布式 SFU 架构示例图

不过分布式 SFU 架构也带来一些矛盾。为了尽可能为用户提供更好的接入质量，理论上应该在全球有尽可能多的接入点来为用户提供就近的接入并将用户接入的流量转换为质量更可控的服务器间流量。但是随着服务器的分散，一方面会增加更多地需要额外成本的服务器带宽资源，另一方面服务器之间的流量虽然相比终端设备的网络接入有着更好的质量水平，但由于涉及跨地域跨运营商的数据交换，其本身也存在着质量波动的因素，并且在服务器越分散出现的概率越大。

由于互联网本质是由不同运营商各自独立网络通过标准协议（如 BGP）交互组成的松耦合的网络，即使是服务器间的网络通信，想要解决跨区域和运营商网络的质量稳定性问题对于互联网应用开发者来说依然具有高度的复杂性。

一个常见的解决方案是采用专线来对服务器间的网络进行加速。由于单个专线线路通常为独立物理线路且由单个供应商维护，其质量相对于公共互联网链路来说稳定性有极大的提高。但也正是由于这个特点，专线的线路对于特定供应商通常只在固定的线路上有专线的提供，扩展到新的位置或容量上的扩展都会有较多的局限性，新专线的建设周期通常至少需要数月，并且价格相当昂贵。

　　另一个解决方案是在不同的物理网络线路（如公共互联网、专线、公有云加速网络）基础上，通过结合实时的网络探测与路径切换控制策略，在不同的网络基础设施上更精细实时地控制数据的流向来确保服务器间通信的质量。例如声网针对实时音视频的特性在互联网基础设施上构建了软件定义实时网络 SD-RTN™，该网络对实时音视频应用提供了一个抽象的三层覆盖网络，能够对此类数据传输提供质量的保证，应用开发者能够通过集成相应的软件开发套件（SDK）来轻松地获得实时互动能力。

3.4.2　客户端传输

　　在包含服务端处理或转发的实时音视频通话架构下，数据从一个设备客户端到另一个设备客户端会经过以下几段传输链路。

　　1）First-mile：从发送客户端到服务器之间的网络传输。

　　2）Server-to-server：从发送端所连接的服务器到接收端所连接的服务器之间的网络传输（只存在于类似于分布式 SFU 架构的多服务器架构中）。

　　3）Last-mile：从服务器到接收客户端之间的网络传输。

　　其中，First-mile 与 Last-mile 两段均为客户端与接入服务器之间的网络传输，从统计意义上具有类似的网络传输特性，所以通常具有类似的优化手段，统称为客户端传输。

　　除了部分场景下用户可能集中在某些特定位置，大部分互联网应用的用户通常根据应用的场景会分布在不同的地域，并有可能各自使用不同的网络运营商进行互联网接入。因此，客户端传输的质量极大会受到对应地区运营商的网络情况影响。同时客户端本身的网络接入类型和从客户端到运营商的接入网关之间的网络质量也各不相同，例如在移动客户端上不同的设备机型、无线网络信号强度（与接入基站间的距离、基站负载、路径上是否有其他信号干扰）、网络本身类型（3G/4G/5G）都会影响网络传输质量。

　　由此可见，客户端传输的物理线路质量受到比较多的情况影响，存在较多的不可控因素，因此客户端网络传输过程中出现弱网的情况实际上并不少见，在网络传输过程中或多或少不同程度会出现丢包或延迟。而 RTC 作为实时应用，对网络上的质量波动相比于传统的 Web 应用需要有更快速准确地感知并在出现质量问题时能够及时调整策略进行对抗。

客户端传输的优化方法主要可以体现在以下几个方面。

1. 服务器的区域覆盖与接入策略

与分布式 SFU 架构的思路类似，一个对客户端传输的优化方法是将原先中心化部署的服务器尽可能地分散到离最终用户更接近的位置，这样的措施能将原先更多的客户端传输部分转化为后台服务器间传输的范畴，由于服务器间的网络通常好于客户端的接入网络，相对来说整体质量会更为可控。在这个架构下，某个特定的区域或供应商会有一组对应的服务器进行专门的服务，因此这个优化措施被称为服务器的区域覆盖。

在服务器的区域覆盖优化过程中，会面临几个主要的挑战。

首先，各个区域的机房的建设水平可能会有参差不齐的情况，对于采购第三方数据中心的建设方案来说，不同供应商能够提供的单机房的质量和可用性水平会有较大差异，而并非有单一的供应商都能够覆盖到所有的地区与运营商。假设一个单一机房能够做到的可用性是 P，如果有 n 个机房，则整体完全没有任何机房出问题的可用性为 P^n。也就是说，即使假设单一机房的可用性为 99%，如果一共有 10 个机房，则整体不出问题的概率仅为约 90%。随着分布式系统的规模增大，为了区域覆盖增加的机房数目越多，整个系统中至少有一个机房再出问题的概率就变得越大，要维持整个系统对外无影响的难度就越大。因此，一方面虽然机房需要尽可能多地进行多区域覆盖，但仍需要对机房的质量准入需要有较严格的标准，排除一些代价比收益更大的机房在使用上反而造成更多质量问题的可能。另一方面也需要构建对机房本身质量的实时感知能力，在问题发生时能够快速准确地进行判断，及时进行相关的运维操作，在这一方面目前业界有一些先进的技术实践，如利用大数据和人工智能进行自动运维，可以将整个检测判断和恢复的过程控制在分钟级别。

其次，区域覆盖优化不仅仅与机房的数量、位置有关，也与合理的用户分配接入策略有关。部分地域上相邻的区域有可能共享同一个接入也能够充分满足 RTC 场景在接入网络上的质量要求，而某些区域即使物理位置在本地的机房可能接入质量也未必最优。举例来说，在国内存在三大运营商之外的中小运营商，其中一部分自己并没有自己的真实物理骨干网，而是租用的三大运营商的网络，而这些小运营商会根据自己的业务策略选择性的在三大运营商的骨干网上进行流量切换，这种情况下即使将接入的覆盖服务器部署在相同区域同一个小运营商的网络接入下，也有可能与用户之间存在质量的问题。因此，合理的用户分配接入策略本质上是一个经验系统，需要长期对各个区域用户的接入质量进行大量的数据上的分析，进而沉淀形成带有可预期质量保证的规则和算法。

此外，成本也是一个重要的因素。越多的区域覆盖机房意味着机房建设集中度的降低，无论是资源还是人力的角度其建设成本都会变得更高。从投入收益比来看成本也会是区域覆盖优化过程中的一个重要制约因素，需要在可接受的质量与成本间需求一定的平衡。

当然，各个区域的基础设施建设本身对于网络接入的质量也在逐步提高，随着4G/5G在各地的普及，网络接入的质量相比过去的2G/3G时代有了大幅的提升，也使得类似高清视频等新兴的更高质量的实时互动媒介成为可能。但是，基础设施水平在全球不同地区本身有着较大差异，如果本身基础设施的网络接入质量无法得到保证，仅仅依赖服务器的区域覆盖也很难解决所有问题，不过随着经济水平和科技的不断发展，整体上接入的网络质量也会逐步得到改善。

2. 网络传输协议

客户端传输的质量受到包括接入网络、接入服务器、设备硬件和网络环境等影响，很难做到100%不出现丢包、延时、抖动等网络质量波动。因此，在实时通信RTC应用的发展历程上，出现过多种不同的网络传输协议来对抗网络中出现的质量问题，简化RTC上层应用应对不同网络情况时所面临的复杂性。

主流的媒体相关网络传输协议包括以下几种。

（1）RTMP协议

RTMP协议最初是由Macromedia（后被Adobe收购）创建的一个专有协议，用于Flash播放器与服务器之间的流媒体音视频与数据传输，该协议也发布了面向公众使用的规范。RTMP协议本身基于TCP协议，其通用性很好。但RTMP也存在一些缺陷。首先，由于TCP作为一个可靠保序的传输协议，也带来了TCP容易导致队头阻塞的问题，即当网络中出现丢包或乱序时，如果第一个数据包发生丢失或延迟到达，后续的包即使收到也无法向上层返回，从而导致整列数据包受阻的现象。其次，由于大部分操作系统已经将TCP固化实现在内核中，并且网络中也存在大量已对TCP协议具备针对性策略的设备，在实时应用中对TCP传输策略的优化会受到比较多的限制，优化方案比较少。此外，RTMP协议不支持多路复用，无法同时在一个连接中传输多个不同数据流。RTMP在传统的CDN媒体分发和直播中有着较多的应用，但更适用于延时不敏感的场景。

（2）RTP/RTCP协议

RTP/RTCP作为一对孪生协议，通常搭配使用，目的是为了在IP网络的基础上提供音视频媒体数据的实时传输能力，许多流媒体、视频会议应用以及

WebRTC 的底层媒体传输都在使用 RTP/RTCP。RTP 协议基于 UDP，能够根据应用的场景进行定制化的传输策略，能适用于类似于 RTC 的低延时场景。RTP 协议本身只保证实时数据传输，并不提供可靠传输、流量控制和拥塞控制等服务质量保证，而这些由 RTCP 协议来提供服务。RTP/RTCP 也不支持多路复用能力。

（3）SRT 协议

SRT 是在基于 UDP 基础上的传输协议 UDT 上针对音视频实时性提出的一套协议。SRT 内置了一定的弱网对抗机制，例如其包含不同的丢包重传控制消息，同时支持 ACK、ACKACK、NACK 等。不过虽然 SRT 对上层提供了一定的拥塞控制统计信息，如 RTT、丢包率、发送和接收的码率等，可以让上层应用去进行更灵活的策略，但也因此缺少了独立完整的拥塞控制，内置的拥塞控制策略太简单。此外，SRT 协议也不支持多路复用能力。

（4）QUIC 协议

QUIC 是 Google 开发的一种基于 UDP 的传输层协议，原本设计用于提升 Web 应用的网络连接速度与可靠性，用以取代目前互联网基础设施中广泛使用的 TCP 协议。由于其拥有连接快、具备多路复用、优先级管理和防队头阻塞、可插拔的拥塞控制等多个优点，目前也被一些厂商用于音视频传输，用于解决类似原先 RTMP 协议在 TCP 协议基础上遇到的问题，例如业界部分 CDN 厂商提供了 RTMP over QUIC 的能力。不过 QUIC 作为一个通用的传输层 TCP 协议替代的目的出现，协议大而全，其默认策略并不适用于实时通信 RTC 场景，针对 RTC 场景需要去进行专门的调校和优化。另外原生的 QUIC 协议作为一个可靠协议也不提供实时非可靠数据流的传输支持，不过目前也有相关的标准化工作正在为 QUIC 添加不可靠传输的扩展。

（5）专有 RTC 协议

一些 RTC 云服务厂商也有针对 RTC 场景专门设计相应的传输协议，由于 RTC 实时场景的业务特点，通常此类传输协议都基于 UDP 协议打造，从而能够更容易针对 RTC 场景进行相关传输策略的适配。例如声网的 RTC 服务内置了其自研的 AUT 协议，该协议能在一个连接上同时支持不同可靠性、吞吐量、优先级的不同类型数据，能够支持多路复用与优先级管理，并提供准确的网络质量评估与丰富的自适应拥塞控制算法。不过此类协议由于未私有协议，通常需要通过集成相关云服务厂商的开发包（SDK）才能获得相关的特性。

3.4.3 可用性管理

在互联网上通过服务端传输音视频，如果要支持大量的用户，势必需要大量的服务器和网络资源。而互联网本身的网络质量以及服务器或机房都有可能会出现问题，那么一个具备良好设计的系统应当能够在最大程度上对抗基础设施带来的不稳定和故障，从应用层面不影响用户，这里就需要在传输中实行可用性的管理。

1. 可用性的重要性

任何企业，如果需要作为对外提供7×24服务——电商、支付、云、PaaS企业等，可用性（可用性）都是其生存的基石。如果一起企业，频繁出现故障，那么其客户、终端客户，必然会有非常大的抱怨，甚至会用脚投票切换业务到其他供应商。

作为可用性保障部门和支持部门，承担了非常大的责任。以下展示两个相关案例。2023年3月，某公司机房故障，导致商城停止服务，持续时间12小时，其基础平台负责人被部被免职。2023年3月，某公司机房冷却系统故障，影响其语音对话、××圈等功能。该故障被认定为一级事故，公司执行副总裁通报批评，数据中心总经理被降级、数据中心总监被免职。

客户选择音视频服务可用性的重要性如图3-6所示。

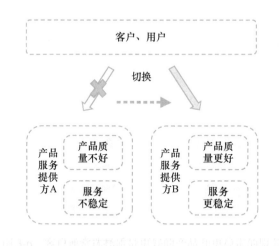

图3-6　客户选择音视频服务的可用性重要性的展示

2. 怎样提升可用性

（1）可用性目标设定

首先要成立可用性管理团队，一般而言该团队处于运维团队。负责全面的可用性管理工作。同时可用性的提升，仅有该团队是不够的，需要各个团队主动关注和长期投入。所以需要设定各个团队和各业务的可用性目标，这样才能从组织架构视角更好地保证各个团队的资源投入，才能提升各个团队对可用性的重视度，这样才有利于各个团队的协同和整体可用性目标的达成。

从逻辑上或者推荐上，一般需要先制定公司各个产品、业务对外承诺的SLA（服务等级协议），然后制定各个产品、业务内部的SLA和SLO（服务质量目标），从而得到各团队全年需要达成的可用率。实际操作过程中，有些业务没有制定清晰的对外的SLA，也会对各个业务系统提出可用性要求。那就很有必要重新就各个业务和产品的SLA达成共识并且正式确认。达成共识的过程，也是大家对该业务定位的重新认识过程，这样有利于避免争议，也有利于避免资源浪费。如一些辅助性的服务，不会出现在客户的关键场景中，SLA就可以低一点，这种业务定过高的SLA，就可能导致资源的浪费。

根据SLA及各个系统历史的故障情况，需要制定内部的各个系统的故障预算：如全年各个等级故障的数量、故障分数（根据故障等级、时长、影响面等，拆分故障分数）目标等。

（2）研发阶段该怎么做

整个研发阶段包括：需求提出和评审、HLD（High Level Design）设计和评审、LLD（Low Level Design）设计和评审、变更方案评审、需求开发、测试用例评审、CodeReview、开发自测、代码测试覆盖率、单元、系统、集成测试、性能测试等环节。

其中HLD设计和评审、LLD设计和评审、需求开发，需要做到面向失败而做架构设计（Everything fails，all the time）。如果我们提前就有心理预期，应用系统的客户可能导致服务异常（如某客户流量激增，导致系统服务异常）、应用系统的依赖会出问题——其依赖的网络、操作系统、中间件（DB、Cache、MQ等）、依赖的其他业务系统会失败（如按照99.9%的可用率悲观预估，应用依赖的每个环节，全年都可能中断8次以上，全年中断时长500分钟以上），如果整体需要将系统可用率做到99.99%，那么在架构设计和代码编写时，就会做好多区域存活、避免单点和单渠道、服务降级限流熔断隔离、服务调用重试等情况，以对抗这些异常情况。

其他也很重要的环节包括测试用例评审、代码测试覆盖率、CodeReview等。

从行业数据看，一般变更导致的生产故障，占整体故障的40%以上。如果研发阶段落实实施越规范，这个占比就能得到较大的降低。尤其对于非研发的变更，涉及基础架构、基础设施的变更，变更方案准备越充分，变更的观察越到位，那么变更导致的故障就越少。

整体而言：如果以上环节能比较规范的落地，就能避免以下故障：未测试需求直接上线、上线的新需求有 Bug、系统设计方案缺陷，不能对抗单服务器、单机房故障、网络抖动等、系统代码实现存在缺陷。总结下来如图 3-7 所示。

图 3-7　应用程序在研发阶段的关键环节和面向失败的设计开发关键点

（3）上线阶段该怎么做

上线阶段包括：业务低峰期发布和变更、变更方案实施、变更结果观察、变更回滚、灰度发布、发布观察和验证、发布回滚等。这个阶段要求，在业务低峰期实施变更，变更方案的实施必须严格按照变更方案来执行，并且有相关的观察指标（业务指标、应用指标、日志等），一旦指标不符合预期，立刻按照变更方案的回滚预案实施变更回滚。对于发布，要避免整个集群一次性全量发布的情况（对于变更，也要严格执行灰度变更），需要实施灰度发布、金丝雀发布等渐进式发布机制，发布期间仔细观察指标，一旦发现异常，及时实施发布回滚。

这个环节若能较好的规范落地，就能避免未遵守发布变更规范而导致的生产系统故障影响面扩大、上线后没有验证或者验证方案不足等情况。较好的落地发布和变更规范，能有效地降低故障影响面和影响时长。总结下来如图 3-8 所示。

图 3-8　应用程序上线阶段的关键环节

（4）运行阶段，监控

监控建设的目标是为了快速发现问题。监控建设包括业务监控、应用监控、中间件监控、系统监控、网络监控。

其中业务监控的目的是为了及时从外部视角发现业务的异常，具体落地的时候可能涉及外部的黑盒监控、外部健康检查、状态码、SLI（服务质量指标）指标等。

应用、中间件监控的目的是为了尽可能多地发现应用系统的异常，可能涉及应用的 Trace、Log、Metric、监控检查、端口、进程、中间件的性能、中间件的报错、集群存活百分比监控等。

系统监控的目的是及时发现操作系统级异常，可能涉及 CPU、内存、磁盘、内核、文件句柄监控等。

网络监控的目的是及时发现网络异常，可能涉及操作系统网络带宽、网络报错、TCP 状态、网络设备的端口、流量、丢包、报错等。

总而言之，监控是我们发现异常的眼睛和耳朵，一旦不能及时发现异常，那么就会使得故障时长延长、故障的影响面会扩大。

同时，监控的建设相对而言也有一定的复杂度，不同行业的监控有一些差异性，这就对监控体系的建设提出了更高的要求，需要深度理解通用和共性的思路，也要对具体业务深入了解，才能在各个行业中落地监控体系的建设。具体监控建设关键点如图 3-9 所示。

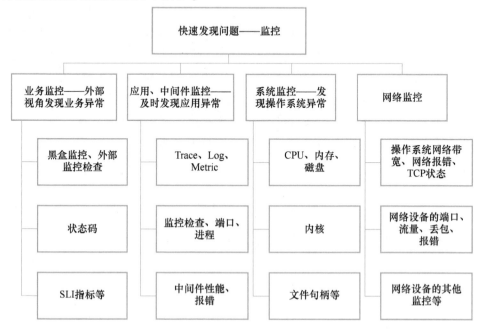

图 3-9　监控建设关键点

（5）应急响应及快速恢复

一旦从业务视角发现异常，负责业务可用性的团队就应该直接拉起故障响应，号召相关团队响应故障。

一般要快速从故障恢复有三步。Step1：及时排查最近的相关变更，如果变更内容处于业务链路，变更方案充分的，要及时实施回滚。Step2：如果实施变更后故障没有恢复，要继续实施改业务提前准备的故障恢复预案。Step3：如果预案实施完毕后还不能恢复，就进入了耗时的分析原因阶段。我们要尽量避免进入 Step3，即在故障恢复阶段深入查原因，在故障恢复阶段的主要任务是快速恢复业务。

快速恢复，这里涉及 RPO（Recovery Point Objective，恢复点目标）和 RTO（Recovery Time Objective，恢复时间目标）。

RPO 聚焦 How much data can you afford to recreate or lose（你能承受重建和丢失多少数据）？也可以说明恢复目标。长期的目标都是希望恢复如初，但是在很短时间内可能恢复目标是只读、部分功能可用。

RTO 聚焦 How quickly must you recover（你希望多长时间恢复）？不同行业、公司、业务的要求是不同的，一般思路是根据业务对外的 SLA，推导出系统需要达到的 RTO：如有 1 分钟发现，5 分钟恢复的；也有 5 分钟发现，10 分钟恢复的；还有 30 分钟发现，2 小时恢复的。

从落地角度看，应该尽量自动执行故障预案。如果自动执行风险很大，至少可以简化执行预案，在执行的时候能缩短恢复时长。

（6）故障复盘

故障结束后，需要由故障管理部门组织进行故障复盘，就事论事的分析原因，分析在研发、变更实施阶段、运行阶段存在的不足，制定相应的解决方案（Action）并设置 DDL，降低相同故障重复发生的概率。

同时故障管理部门和各团队 Leader 要定期分析，各团队的故障 Action 是否按时保质的落地。

3. 当可用性与成本冲突怎么办

这是一个优先级的问题。对于一家想永续经营的企业，一般优先级是：创收、降本、效率。有一定规模或者上市企业，合规的优先级会很高，可能排在创收之后。这里暂时不讨论安全，安全可能涉及合规和稳定等方面。

毫无疑问，创收都是公司优先级最高的事情。如果一家企业，对外提供的产品质量很差，对外提供的服务不稳定。客户买了产品，轻易损坏；客户使用的服务，总是中断。这非常明显，是不能带来长期的收入的。所以很明显，可用性的优先级一般是在降本之前的。一般而言，可用性的优先级是与公司创收持平或者略低一点的。

一般而言，为了提升可用性，架构设计时，需要使用一定的冗余策略（如多区域、多机房、多主机等）。那是不是意味着为了可用性，就可以全然不顾成本？当然不是。可用性目标是要在兼顾成本的前提下提出的，不能一味的要求99.999%或者99.99%的可用率（这里还涉及怎么计算可用率的问题）。如，我们要求服务对外提供99.99%的可用率，如果我们的服务能对抗单机房的网络抖动故障，那么我们对单机房的网络可用率就可以降低至99.9%甚至更低，就意味着我们对单机房的网络设备等投入的成本可以降低。同时也要求我们的应用系统不能只部署在一个机房。那是否意味着部署的机房越多越好呢，计算部署两个机房的网络可用率=1−(0.001×0.001)=99.9999%。所以2个机房即达到了要求，就不用部署3个机房了。

这里为了简化只计算了机房网络可用率，真实情况会更复杂，每个机房的网络可用率可能参差不齐，业务会依赖机房网络、机柜可用性、服务器硬件、操作系统、中间件、业务依赖的渠道等。但是，最终都可以根据业务的依赖项的可用率与业务可用率目标去分析和计算，寻找得到成本可控的建设方案，而不是一味冗余和容灾（冗余的数量都是可以根据业务的SLA计算得到的）。

当然，在部分企业成本非常敏感的阶段，可以尝试将可用率的目标适当调低。企业成本与服务可用性的关系如图3-10所示。

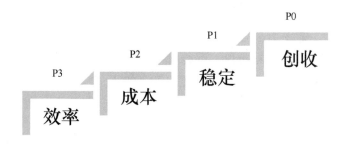

图3-10　一般情况下，可用性对企业经营的优先级

企业通过SLA计算冗余的路径如图3-11所示。

图3-11　建设冗余方案的计算路径

以上知识总结如下。

产品质量过硬、服务稳定是企业永续经营的基石。要管理和提升可用性，需要做到以下几点。

1）需要有一个专职的可用性管理团队，从全局维度管理可用性，还需要要设置各个团队各业务的可用性目标，这样才能从组织视角长期保证资源的投入和团队的协同。同时要求业务对外 SLA 与可用性目标之间要匹配，否则可能有资源浪费。

2）在研发阶段提升研发流程的规范性，需要面向失败而进行架构设计和代码开发，这样能避免前期准备不充分、后续频繁救火、频繁修 Bug 等情况。同时变更的规范性很重要，前期变更准备不足可能占生产 40% 以上的故障比例。

3）在上线阶段需要遵守发布变更规范，灰度发布、低峰发布和变更要仔细观察，有问题及时回滚。这样能有效降低故障影响面和影响时长。

4）在运行阶段需要持续夯实监控体系，如果重大故障监控发现率低于 70%，说明健康体系欠缺较大。监控体系建设中有一定的业务特性，但是也有通用的思路，如果按照业务、应用、系统、网络监控思路等维度踏实去建设，就能逐步提升重大故障的监控发现率。在监控发现问题后，需要快速应急响应，有变更发布的、简单判断在链路上回滚对业务影响不大的，就要快速回滚。如果没有变更，就要尽快实施故障恢复预案（尽量自动执行、至少能加速执行预案），这样才能缩短故障的时长。当我们走入一边分析原因、一边故障恢复的状态时，则说明当前的预案、发布变更规范等工作还需要提升。

5）要认真组织故障复盘，挖掘前面阶段存在的问题，降低故障重复发生的概率。

6）当可用性与其他方面如成本冲突时，我们要清晰知道可用性的优先级是与公司创收持平或者略低一点的。同时也应该根据不同业务设置合理 SLA，再依据不同 SLA 的需求设计相应的架构和方案，而不是一味冗余和容灾（冗余的数量都是可以根据业务的 SLA 计算得到的）。

3.5　音视频后处理

实时音视频的后处理是指在实时音视频流传输过程中对音频和视频数据进行处理、修正和优化的过程，以改善音视频质量和提升用户体验。音频部分，常见的后处理技术有空间音频；视频部分，常见的后处理技术包括视频锐化、超分算法。

3.5.1 空间音频

伴随元宇宙、AIGC 等技术的发展，在音视频社交场景加入沉浸式的音频效果也成为一种趋势，其中空间音频成为关键因素。在后处理阶段，对音频数据加上空间音频的效果，会给用户端带来沉浸式的极致音频体验。

空间音频本质上是仿真或者还原一个真实声源产生声音，传播以及最终被人耳接收的过程。利用空间音频的技术可以虚拟地产生声源，让听者能切身感受到声源的方位。它的呈现方式主要是两种，第一种是基于扬声器阵列，适合电影院等的大型听音场地。第二种是用耳机重放，这也是比较普遍的一种重放方式，相比第一种也更加灵活。在大多数情况下，我们所指的空间音频是基于耳机重放的空间音频。

要体验沉浸感空间音频需要仿真以下几个元素。

1. 直达声

直达声是指在没有什么障碍物的情况下，声源不经过房间反射直接到达人耳的部分。当然声波不会直接达到我们的耳膜，它会经过身体躯干，头部的反射、衍射，以及外耳的多次反射才能到达耳道入口。这个过程相当于一个声波被人体过滤了。我们把这么一个传递函数，也就声源到达耳朵的传递方程称为头部相关函数（Head-Related Transfer Function，HRTF），HRTF 是一个和方向有关的函数，也就是每个方向的 HRTF 都不一样。当声源和人耳的距离很小的时候，也就是所谓的近场，HRTF 的频谱不仅和方向有关也和距离有关。

如果要渲染在某个一个方位的声源，我们只需要调用这个方向的 HRTF 对单声道声源进行滤波。用耳机播放就能感受到这个声源的方位了。这也是基于耳机的空间音频的一个基本渲染操作。在语聊、元宇宙社交等场景下，通常情况下考虑的是远场的情况，这样一来不用考虑近场时 HRTF 频谱的改变。当然，如果要体验近场的效果，比如在耳边喃喃细语的场景，这就需要考虑用近场 HRTF。HRTF 还有另一个特点就是因人而异，因为每个人的头型、耳型都不一样，个体间的 HRTF 差异性很大。一般情况下，非个性化的 HRTF（比如用某个人工头测量得到的 HRTF）会在渲染空间音频中被普遍使用。如果要体验更精确的虚拟声源方位感则需要获取个性化 HRTF。目前，从技术角度完全可以通过比如拍摄，扫描耳朵/人脑的方法结合 AI 来快速获取个性化 HRTF。

2. 声源指向特性

当我们没有考虑声源指向性问题的时候，它会被当作一个点声源，也就是这个声源无论是朝向你还是背对你，在某个频率上的能量大小都是一样的。显然这和大多数声源的指向性特征不同，比如乐器发声、人开口说话等。假设有一个人在说话，显然嘴巴正对的这个方向听到的声音清晰，如果听的人是在说话人的侧面或者背面，从嘴巴出来的声音将被部分遮蔽，会被人体进行一个类似滤波的操作。因此在渲染的时候需要仿真声源的朝向。

3. 声源距离

一个最直观的感受是声源的声压或者听到的音量会随距离变大而变小。一般情况下（远场情况下），声源的声压和距离呈一个简单反比的一个关系。如果距离翻倍的话，比如从 1m（米）到 2m，声压就会下降 6 个 dB（分贝）。除了这个声压衰减，还有一个因素是空气吸收。因为在一般场景下，声音是在空气里传播，在传播的过程中它的能量会有一部分被空气吸收。空气衰减的强度和距离频率都有关系。距离越远，声音的能量被空气吸收得越多，并且这个空气吸收主要体现在高频处。空气衰减的仿真可以由和距离相关的滤波器去拟合。

4. 障碍物

当声源和听者中间被某些物体挡住了，那么声波的传输就会部分被这个障碍物阻挡。当然也要考虑障碍物的大小厚度等。当我们只考虑直达声部分的时候，可以用几个简单的滤波器来实现不同障碍物对于声波的影响。如果考虑声音反射存在的情况下，那需要对每个反射波进行单独处理操作来仿真障碍物的影响。

5. 反射和混响

上述所有因素只是围绕着直达声做了音效的渲染，也就是声源没有和房间进行过交互。我们在生活中只有少数的场景可以只听到直达声（但也不是百分之一百的无反射存在），比如在消声室、广阔的雪地等。在平常生活中，反射和混响无处不在。假设听者和声源在一个房间里，并且声源产生了一个脉冲，随着时序，我们首先听到的是一个直达声部分。然后随着时间的推移，会听到一些稀疏的反射，就是和墙壁、屋顶、地板或者障碍物碰撞后的反射。我们把这些稀疏的、不密集的反射称为早期反射，其中每一个反射，比如从某个墙面过来的声音都可以当作一个被延迟和能量削弱的"直达声"。也就是每一个反射都可以进行上述 1~4 的操作。每一个稀疏的反射，都可以做和直达声一模一样的处理，它也有距离、方位等信息。随着时间的推移这些反射越来越密集，能量随指数下降，在某一个时刻反射的方位感是听不出来了，相当于一个扩散场。我们把这些反射称为后期混响。这两块一般情况下会单独处理，其中早期反射比较麻烦。因为每个反射都得考虑它的方向、朝向、距离等。当墙面不光滑的时候，会发生散射情况。此外早期反射是要动态生成的，因为当声源和听者位置发生变化时，反射的状态包括方向朝向距离都会发生变化。后期混响虽然重要，但是它对于在房间位置的依赖性不高，并且一般被认为是扩散场，需要考虑的因素比早期反射少一些。

6. 耳机频谱均衡

最终音频是要靠耳机播放出来的。因此，除了音频的渲染部分，还需要考虑播放单元。

耳机发声单元到耳朵有一个声学传递函数，它也会对音频再次进行一个滤波。因此我们需要对这个耳机传递方程进行抵消或者优化，当然这个均衡是有一个预期目标的，最直接的就是把这个耳机均衡拉平，也就是对耳机传递方程求逆来做均衡。在此基础上，还可以设计一些新的目标使得空间音频的听感更加好。要做这些之前的前提是可以得到这个耳机的传递函数。但是这个比较困难了，因为它不仅因人而异且随着佩戴姿势不同也会不同。一般情况下会使用人工头重复测量取均值来作为耳机传递方程。耳机方面除了耳机的传递方程之外，还有如耳机声学阻抗也是一个重要的因素。

除了上述的元素，还有一些"特殊有趣"的音效，例如多普勒效应可以根据场景来选择是否需要仿真。当声源和听者的相对速度发声变化时候，听者听到的音调会发生变化。比如一辆鸣着笛的车从一位听者的左前边开到了右前边（移动声源），当靠近听者的时候音调是相对高的，远离人的时候音调会变低。也就是音调有一个从高到低的变化。多普勒效应的仿真可以通过计算瞬时速度来移动相对应频率，或者用时变延迟线。它主要的应用场合是针对某些游戏场景，比如赛车等。如果是语聊或者普通社交的场景，则不需要考虑这个因素。

在实时通信场景下，空间音频的渲染操作需要低算力和低延迟，同时数据库的体积不能太大。我们需要考虑音效和计算复杂度，在尽可能不减少听感的情况下来减少算力。比如空气衰减的滤波器阶数的选择，是否需要高阶来精确仿真空气吸收等。再比如 HRTF 是要线上插值还是线下离线插值。线上插值的好处是包体积小，但是实时插值的算力增加需要考虑。线下插值的优势是线上不用再插值，但是相对应的包体积就会变大。声网提供的空间音频结合了物理和感知模型，在不影响听感的情况下用最小的算力去仿真各个模块。除此之外，对于空间音频的核心内容 HRTF，声网针对人耳不敏感的方位做了方向性增强的处理，使得它在空间音频方位感得到增强。

空间音频在游戏、音乐、影视制作、会议、语聊、唱歌、在线教学、元宇宙等场景有重要应用。它可以为用户提供更加沉浸式和逼真的体验，增强音频的表现力和感染力。空间音频在各个应用中还有不少需要探索的地方，比如 AR 场景如何快速获取真实房间的反射和混响来进行渲染，如何快速准确得获得个性化参数，包括个性化 HRTF 以及个性化耳机传递方程。

3.5.2 视频锐化

视频传输过程中，由于压缩算法等因素，图像的细节可能被模糊或丢失。图像锐化（Image Sharpening）是一种可以增强图像的清晰度和细节的图像处理技术。其为了突出图像中物体边缘处的特征，会对边缘特征进行增强，因此也被称为边缘增强。

适度的锐化可以使图片看起来更加清晰和真实，有助于提升观看体验。过弱的锐化则起不到足够好的增强效果，但是，过度的锐化往往会引起一些副作用，比如失真，甚至边缘出现锯齿等。

常见的锐化算法有拉普拉斯算法、Sobel 算法、Canny 算法等。这些算法的实现方式不同，但都是通过增强图像边缘和细节来实现图像锐化的目的。

没有一种锐化算法和锐化参数是适合所有图像的，因此，需要根据图像的质量和类型选择最佳的锐化参数。

3.5.3 超分算法

在实时互动场景中，视频分辨率是影响用户互动体验的关键因素。高分辨率的图像往往比低分辨率的图像包含更多的细节和信息，比如，从流畅、标清到高清、超高清等，既是分辨率的增加，也是视频画质和用户观看体验的提升。

然而在很多实时互动场景中，受到设备性能、传输成本、用户带宽等限制，传输的往往是低分辨率的视频，因此为了提升视频画质质量，进而提升用户的观看体验，需要在用户端将接收到的低分辨率视频重建成纹理丰富、细节清晰、观看体验佳的高分辨率视频，这个过程往往会用到超分技术。

什么是超分？

超分全称为图像超分辨率重建（Super Resolution，SR），是指利用特定算法将一幅低分辨率的图像（Low Resolution，LR）或图像序列进行处理，恢复出相应的高分辨率图像（High Resolution，HR）的一种图像处理技术。通俗来讲，就是根据 LR 中的信息，推测出放大后多出来的像素的值，也即所谓的"重建"。

超分的分类和技术演变历史如下。

1. 按重建原理

根据重建原理不同，SR 可分为传统 SR 和基于深度学习的 SR。

（1）传统 SR 方法

1）基于插值的方法，即在图像中插入一些像素点，这些点的值根据其周围像素点的值加权得到。常用的插值方法包括 nearest、bilinear 和 bicubic 等。插值法简单且速度快，但放大后的图像往往会出现模糊、锯齿等现象。

2）基于重建的方法，理论基础是一些数学的概率论或集合论，通过提取低分辨率图像中的关键信息，并结合对未知的超分辨率图像的先验知识来约束超分辨率图像的生成。常见的方法包括迭代反投影法、凸集投影法和最大后验概率法等。

3）基于机器学习的方法，基于机器学习的方法其实就是基于机器学习的非深度学习的方法，主要包括邻域嵌入、稀疏编码等方法。

传统 SR 方法主要依赖于约束项的构造以及图像之间配准的精确度达到重建效果，并且其不适用于放大倍数较大的 SR。随着放大因子的增大，人为定义的先验知识和观测模型所能提供的用于 SR 的信息越来越少，即使增加 LR 图像的数量，亦难以达到重建高频信息的目的。

（2）基于深度学习的 SR

基于深度学习的 SR 的原理是把大量的 LR 和其对应的 HR（这些数据对被称作"训练集"）交给卷积神经网络，由它自行探索 LR 和其对应的 HR 之间的映射关系。训练好之后，当输入一张训练集之外的 LR 的时候，这个神经网络也能预测出其对应的 HR。从这个原理中也能看出，深度学习的本质就是对训练集的特点进行归纳总结，所以，当测试集跟训练集具有相同特征的时候，神经网络就能比较准确的预测出其对应的 HR，但是，也因为这个特性，一旦测试集的特点是训练集中没有的，神经网络的预测就会变得不准。

2. 按处理速度

根据处理速度，SR 可以分为非实时与实时处理两种方法类型。

我们经常会看到某某视频网站将一些年代久远、低分辨率、低清晰度的老视频转换成当前主流的 720P、1080P、2K 的高分辨率视频，这种是在线视频行业比较主流的基于云端服务器处理的"非实时超分算法"，这类超分适用的场景是追求更高分辨率、更清晰的视频观看体验，对处理速度的实时性没有要求，并且算力充足，可以让年代久远的视频焕发新的活力。但非实时超分算法计算量普遍比较大，只能适用于对实时性没有要求的场景。

在实时互动的场景中，就需要用到实时处理的超分算法，这其中主要包含云端、终端处理两种方式，在云端服务器实时处理的超分算法计算量比第一种非实时的小，在超分效果和处理速度做了权衡，保证较好的超分效果的同时，可以满足服务器上实时处理的要求。但弊端也非常明显，由于需要在 GPU（图形处理器）服务器上部署，并且一台服务器只能同时处理有限路视频，当处理大量并发的实时视频流时，则需要部署大量的 GPU 服务器，这种算法的使用成本比较高，而终端的超分算法可以很好地解决这个问题。

终端超分算法可在用户的终端进行视频播放时，对视频画面进行实时后处理，从而在提升视频观看画面主观视觉效果的同时不增加企业传输带宽成本。目前业内很多主流的终端实时超分算法更集中在 PC 端，PC 端的设备相对可以提供更强的算力，实现高性能的视频画质实时增强。但当下随着实时互动场景的爆发，很多 RTE 场景集中在移动端，用户在移动终端的设备性能参差不齐，这就要求移动端实时超分的复杂度必须极低，这样才能在大部分移动设备中做到实时处理。如何在超低计算量的情况下还保持较好的视频超分效果，这成为实时超分领域内的难点。

3. 最佳实践

针对移动端的实时超分难点，声网人工智能算法团队经过持续的技术钻研，正式推出了业内首个基于移动端实时处理的多倍超分算法，该算法的优势是成本低、功耗小，不需要部署 GPU 服务器，仅依靠移动端设备自身的 CPU、GPU 或 NPU 来实时超分，以较小的算法计算量实现视频分辨率的多倍超分，有效增强了视频的画质，并降低视频传输的成本。

同时，把超分算法和锐化算法融合在一起，一次推理即可完成超分和锐化两项功能。其技术原理是基于深度学习算法进行丰富的视频数据训练，从大量的低分辨图像和高分辨图像堆，有监督地学习低分辨到高分辨率的映射关系，实现图像放大后，细节丰富、画面清晰的效果，其超分效果、锐化效果、自适应能力明显优于传统的超分方法。

第 4 章

实时互动万象图谱

早在 2021 年的 RTE 实时互联网大会上，声网就发布了对实时互动行业和开发者做场景创新具有前瞻指引作用的"RTE 万象图谱"，图谱展示了围绕教育、泛娱乐、IoT、企业协作、金融、医疗等 20 多个行业赛道的 200 多个实时互动场景。在本章，我们对这 200 多个场景逐一进行了介绍，让读者更深入地了解每个场景的价值。同时，也选取了 31 个主流的场景，增加了场景的示例图展示，供读者参考。

在本书的配套资源中，也加入了最新的"RTE 万象图谱"电子版供读者下载，可以一图看懂实时互动在各行各业的场景赋能。

4.1 实时互动在泛娱乐行业的应用

在实时互动的发展历程中，社交泛娱乐几乎是最早被广泛应用的行业，从最初的语音聊天室、视频通话再到直播、视频相亲、狼人杀、在线 K 歌、互动播客、Co-Watching 等场景，从直播连麦、千播大战到在线狼人杀掀起互动游戏热潮，在线 K 歌推动实时合唱玩法的升级、Clubhouse（美国的一款音频社交软件）推动互动播客曝光，一起听、一起看、一起唱掀起 Z 世代（网络世代）青年社交浪潮，实时互动如水和空气般无处不在。

伴随着元宇宙、AIGC等新技术的发展，互动社交的玩法还在持续迭代。2021年被称为元宇宙元年，虚拟展会、虚拟活动、AR/VR办公等诸多场景如雨后春笋般冒出，这种娱乐+社交、虚实结合且不受时空限制的社交娱乐方式尤为受特立独行的Z世代青睐。元宇宙是一个需要具备高质量、稳定和开放的技术标准，并且具有沉浸感的场景，所有的信息可以实现多向的实时传输与交互，用户在现实生活中的基础五感甚至是空间感、平衡感的感知系统都需要通过新技术得到调动，而这些正是实时互动服务所能实现的，准确来说，实时互动技术是元宇宙的底层技术支撑。

来到2023年，AIGC一路狂飙，在泛娱乐社交领域掀起大片浪花。AI的引入，一方面促进社交连接方式的变迁，从人与人的连接，延伸到人与虚拟数字人的连接，为社交玩法创造更多想象空间；另一方面AI可以进一步增强社交黏度，作为一个强共情能力和无私的社交对象，提供社交中最重要的情绪价值，降低人际关系摩擦。社交行业对AIGC的应用也如火如荼，市面上也出现了各类"AIGC+社交"的玩法，例如，AI智能问答客服，可以对新手玩家进行游戏玩法指引；AI陪聊，可以和玩家1对1聊天，起到倾听、陪伴的作用；AI主持人，可以学习游戏等主题规则并引导玩家玩游戏或聊天等。

这些源源不断出现的新场景，一方面繁荣着实时互动的生态，另一方面也"倒逼"实时互动服务和技术不断更迭、升级。

4.1.1 社交：在线K歌、一起看电影等场景解析

1. 1v1语音

场景介绍：1v1语音就是每个用户匹配另一个用户，1对1地进行语音连麦，常见于聊天、玩游戏、K歌、相亲、社交等诸多场景。这种不用露面、只靠声音交互的方式能有效缓解初次相识的尴尬、用户的容貌焦虑等，帮助用户将注意力集中在语音或当下场景本身，较受大众青睐。

实现实时互动在该场景中的技术难点如下。

1）对音频传输质量要求较高，需确保用户在语音过程中低延时、高质量、高稳定的通话体验。

2）能够轻松抑制语音时的常见噪声，杜绝回声和啸叫，为用户提供纯净音质体验。

3）AI降噪、回声消除、弱网对抗。

2. 1v1 视频

场景介绍:1v1 视频就是 1 对 1 进行视频聊天,常见于视频客服、视频会议、视频教学、远程医疗、金融双录、远程定损等场景。

实现实时互动在该场景中的技术难点如下。

1)对音视频传输质量要求较高,需要确保用户在视频通话时低延时、高质量、高稳定的体验。

2)保证一定丢包比率下视频通话的质量。

3)需要确保在光线较暗的环境下,能够提供清晰、明亮的图像及视觉效果。

3. 语聊房

场景介绍:语聊房最早通过 YY 语音等应用被国内玩家所熟知,现已成为各大社交 APP 的标配玩法,目前主流的语聊房以 6~8 人同时上麦交流为主,观众上麦(线上参与发言、唱歌等)的方式分为自由上麦、向房主申请两种,不上麦的观众可在评论区通过文字消息与主播互动,交流的话题以游戏、情感、职场等为主,单频道内最高可支持百万人同时在线,当下融入了语音变声这种比较火爆的功能。

实现实时互动在该场景中的技术难点如下。

1)单频道内需要支持最高百万人并发的要求,网络架构设计能够应对 10 倍以上负荷,轻松应对用户流量突增。

2)对音质有一定要求,需提供纯净音质、AI 降噪。

4. 3D 语聊房

场景介绍:在传统语聊房的基础上,添加 3D 虚拟数字人、3D 场景、3D 空间音频等技术,给用户带来更沉浸的体验。

实现实时互动在该场景中的技术难点如下。

1)在语聊房的基础上,增添了 3D 场景、3D 虚拟数字人建模。

2)单频道内需要支持最高百万人并发的要求,网络架构设计能够应对 10 倍以上负荷,轻松应对用户流量突增。

3)对音频传输质量要求较高,需确保低延时、高质量、高稳定的通话体验,并且能够轻松抑制常见噪声,杜绝回声和啸叫,为用户提供纯净音质体验。

4)需提供 3D 空间音频能力,为用户营造空间质感。

5）对于多个虚拟数字人实时互动的帧同步有较高要求。

5. 互动播客

场景介绍：互动播客是全新的线上兴趣/话题式语聊互动场景，不论大 V（通过相关认证并拥有众多粉丝的用户）还是普通用户都可以随时开启或参与一场海阔天空的互动交流。与传统播客场景不同的是，用户进入话题房间后不再仅仅充当听众，也可以随时"举手"上麦参与实时互动交流。作为互动播客中的典型代表，Clubhouse 在 2021 年初被马斯克带火，一夜爆红，为全球用户熟知。

实现实时互动在该场景中的技术难点如下。

1）互动播客场景对音频传输质量要求较高，需确保低延时、高质量、高稳定的通话体验。

2）AI 降噪、能够轻松抑制常见噪声，杜绝回声和啸叫，为用户畅聊提供纯净音质体验。

6. 语音电台

场景介绍：主播通过声音与粉丝沟通和互动，听众可与主播连麦互动。从直播形式上讲，语音电台直播的形式分为单人直播和多人直播。单人直播一般指一个主播完成整个直播，独立直播间，粉丝黏性强、关注时间久。多人直播一般指多个主播完成整个直播，共同开播，直播间活跃性更强，不会冷场。

实现实时互动在该场景中的技术难点如下。

语音电台一般在通勤、夜间时段在线人数达到峰值，并且受通勤路段环境、网络等影响，因而需要满足以下功能。

1）对音频传输质量要求较高，需确保低延时、高质量、高稳定的通话体验，并且能够轻松抑制常见噪声，杜绝回声和啸叫，为用户提供纯净音质体验。

2）单频道内需要支持最高百万人并发的要求，网络架构设计能够应对 10 倍以上负荷，轻松应对用户流量突增。

7. 在线 K 歌房

场景介绍：在线 K 歌房就是将传统的线下 KTV 搬到线上，用户在房间或特定场景中实时欢唱，目前已经衍生多种玩法。K 歌爱好者除了选择以录唱、弹唱为主的独唱模式外，抢唱、接唱为主的依次互动类玩法，斗唱、合唱为主的实时互动类玩法也因为能为玩家间创造更多的社交互动得到更多选择，深受 Z

世代用户青睐。

在线 K 歌房场景的示例如图 4-1 所示。

图 4-1　在线 K 歌房场景示例图

在线 K 歌房要尽量还原线下 K 歌体验，因而需要满足以下功能。

1）主唱唱歌时，要求远端听到的背景音乐和人声对齐同步。

2）主唱佩戴耳机打开耳返需要超低延时耳返。

3）唱歌时，用户难免受到环境和背景音干扰，所以需要能够轻松抑制常见噪声，实现人声与背景噪声分离，杜绝回声和啸叫，提供高清音质。

4）合唱时要求端到端超低延时，以及精准的伴奏、歌词、人声多端精准同步。

5）能够支持多人合唱，并且保证各端独立，一端退出不影响整体合唱效果。

6）多种美声、变声效果及音效塑造。

实现实时互动在该场景中的技术难点如下。

1）音频采集和处理：在线 K 歌需要对用户的声音进行准确采集和处理。同时，需要对录制的声音进行音频处理，包括降噪、去混响和音频增强等，以提高音质和减少环境干扰。

2）音频同步和延迟控制：在线 K 歌场景中，需要将用户的声音与背景音乐进行同步播放。同时，还需要控制音频的延迟，以确保用户在演唱过程中能够与音乐保持良好的配合和节奏。

3）音频编码和解码：为了实现在线 K 歌的实时传输和播放，需要对音频进行编码和解码。音频编码需要在保证音质的同时，尽可能减小数据传输量，以降低带宽要求和延迟。

4）实时互动和协同处理：在线 K 歌场景中，用户可以与其他用户互动，如合唱、对唱等。这需要实现实时的音频传输、同步和混音处理，以实现多用户之间同时演唱。

5）用户体验和特效处理：为了提供更丰富的用户体验，在线 K 歌通常会提供各种音效和特效处理选项，如混响、变声、调音等。这需要实时处理和应用这些特效，同时保证音质和延迟的控制。

6）版权管理和内容审核：在线 K 歌平台需要对歌曲版权进行管理，并对用户上传的内容进行审核和监管，以确保合法性和内容质量。

7）多平台兼容性和流媒体传输优化：在线 K 歌通常需要在多个平台上进行播放和分享，因此需要解决不同平台之间的兼容性问题，并优化音频的流媒体传输，以确保在不同设备和应用上无缝播放和观看。

此外，实时合唱还会面临音频传输过程中产生的延时，与手机端、电视端、KTV 端等一系列硬件设备的适配、兼容的问题。

8. 一起听音乐

场景介绍：一起听音乐是指用户邀请好友共同收听当下播放的歌曲，双方可以边听音乐边通过即时消息及实时语音的方式进行交流，沟通情感，从而加深彼此的关系。这成为 Z 世代用户交流情感、线上 Social（线上社交活动）的不二之选。

实现实时互动在该场景中的技术难点如下。

1）对音频传输质量要求较高，需确保低延时、高质量、高稳定的通话体验。

2）因为一起听音乐时，用户很可能处在通勤或其他有噪声的环境中，所以需要能够轻松抑制常见噪声，杜绝回声和啸叫，为用户提供纯净音质体验，享受音乐带来的美妙体验。

3）要求各端听到的伴奏同步。

9. 一起健身

场景介绍：一起健身是指用户与好友或者健身教练通过实时音视频的形式在线一起运动、互相鼓励、指导动作等，多适用于在线健身教学、直播带练、私教指导、结伴运动、友人竞技等场景。目前已成为诸多用户宅家健身的最优选择。

用户需要通过应用观看屏幕端的健身教练或是结伴健身小伙伴的动作并与其实时沟通，因而实现实时互动在该场景中的技术难点如下。

1）对音视频传输质量要求较高，需要确保低延时、高质量、高稳定的通话及视频体验，保证一定丢包比率下视频通话的质量。

2）需要确保在光线较暗的环境下，能够为用户提供清晰、明亮的图像及视觉效果。

3）能够还原画面变形。

4）用户的动作捕捉、识别及纠正。

10. 一起冥想

场景介绍：一起冥想是指用户与好友一起进行线上瑜伽、冥想等训练，通过舒缓的音乐、呼吸调节等方式，放松心情、调节负面情绪，还可以帮助人们快速入睡。

实现实时互动在该场景中的技术难点如下。

1）对音频传输质量要求较高，需确保低延时、高质量、高稳定的通话体验。

2）冥想的过程中特别忌讳噪声或是其他背景音的干扰，因此需要提供能够轻松抑制常见噪声，杜绝回声和啸叫，为用户提供纯净音质体验的方案，让用户能够沉浸在放松、超脱的心境中。

11. pia 戏

场景介绍：pia 戏是一种即兴、娱乐的朗读、配音活动。由玩家设置房间，大家选择各种剧本，按照自己声音的特点分配角色，富有感情地给角色配音或朗读剧本，也配合一些 BGM、特殊音效增加效果。现在也衍生出没有剧本，完全靠自己想象力来即兴表达演戏的即兴 pia 戏。

线上配音、即兴表演对用户在表演互动时的音频传输质量要求较高，实现实时互动在该场景中的技术难点如下。

1）需确保低延时、高质量、高稳定的通话体验。

2）能够轻松抑制常见噪声，杜绝回声和啸叫。

3）为用户提供纯净音质体验，以及丰富的美声、变声音效。

4）部分玩法可能需要支持声纹变声、空间音频等功能。

12. 视频相亲

场景介绍：视频相亲是男女嘉宾在红娘的介绍下，通过实时音视频的方式互相认识、交流。目前有 1 对多相亲、1 对 1 相亲，还有多对多相亲。这种方式既避免了男女双方初次见面时的尴尬，又节省了一笔约会花销。两人可以先在视频里见面，双方都中意则可以进行下一步交往。

实现实时互动在该场景中的技术难点如下。

1）对音视频传输质量要求较高，需要确保低延时、高质量、高稳定的通话及视频体验，保证弱网环境和一定丢包比率下视频通话的质量。

2）除了确保稳定的通话质量外，相亲嘉宾对于视频中自己的形象也有一定的期望和要求，需要尽可能好地展现自己的优势，因而需要支持视频画面分辨率、码率自适应。

3）需要确保在光线较暗的环境下，能够提供清晰、明亮的图像及视觉效果。

4）在视频通话中需要支持 AI 美颜、道具辅助等功能。

13. 视频群聊

场景介绍：视频群聊是指同一房间内多个用户通过实时视频的方式互动聊天，也支持多个主播同时开启直播，与粉丝进行实时互动（如连麦等形式），在当前的社交 APP、办公类场景中较为多见。

视频群聊即一个房间的用户一起发起视频聊天，这就对音视频传输质量要求较高，实现实时互动在该场景中的技术难点如下。

1）需要确保低延时、高质量、高稳定的通话及视频体验。

2）因为每个用户所处的网络环境不同，所以需要保证弱网环境和一定丢包比率下视频通话的质量。

3）需要支持视频画面分辨率、码率自适应，也需要确保在光线较暗的环境下，能够提供清晰、明亮的图像及视觉效果。

4）支持背景分割能力，让用户自定义视频画面背景。

14. 一起看电影

场景介绍：一起看电影指用户邀请好友在线上的同一房间内一边观看视频，一边进行实时语音或视频交流。通过将电视剧、电影等视频作为人与人之间的话题的连接，让用户进行实时交流，容易打破传统社交的"破冰"障碍，让社交更容易开始且更容易进行，备受 Z 世代年轻用户的喜爱。

实现实时互动在该场景中的技术难点如下。

1）视频流传输和同步：为了实现多个用户之间的同步观影体验，需要将电影视频流以实时或准实时的方式传输给所有用户。这需要充足的带宽和低延迟的网络，以确保视频能够在各个用户端同时播放，避免卡顿和不同步的问题。

2）带宽需求和质量控制：多用户同时观看高质量的视频流将对网络带宽提出较高的要求。为了提供流畅的观影体验，需要对视频流进行合理的压缩和传输优化，以适应不同用户的网络条件和带宽限制。

3）视频解码和播放：多用户观影场景中，不同用户可能使用不同的设备和平台进行观影，如智能手机、计算机或智能电视等。这要求视频平台支持多种设备和平台，并能够提供适配的视频解码和播放功能，以确保在不同设备上的兼容性和良好的播放效果。

4）用户实时互动：一起看电影场景中，用户通常希望能够进行实时互动，这包括共享观影心情、评论电影情节或即时交流等。为了实现这些功能，需要提供实时 IM 等功能，并确保在观影过程中不影响视频播放的流畅性。

5）版权管理和内容分发：在线观影涉及版权问题和内容分发的合规性。为了保护版权和提供合法的观影内容，需要进行版权管理、内容审核和合法的内容分发控制。

6）多平台兼容性和用户体验：用户可能使用不同的设备和平台进行观影，因此需要解决不同平台之间的兼容性问题，以确保观影体验的一致性和良好的用户体验。

15. VR 社交

场景介绍：用户通过 VR 设备，如 VR 头显进行线上社交、游戏、办公等实时互动活动。此种场景依托于虚拟场景的构建，用户多以 Avatar 形式出现，在虚拟场景中实现现实生活、办公、社交的一系列动作和交互，具有强沉浸感、临场感、强参与感等特性。

VR 社交场景的示例如图 4-2 所示。

图 4-2　VR 社交场景示例图

实现实时互动在该场景中的技术难点如下。

1）对音频传输质量要求较高，需确保低延时、高质量、高稳定的通话体验。

2）单频道内需要支持最高百万人并发的要求，网络架构设计能够应对 10 倍以上负荷，轻松应对用户流量突增。

3）因为用户是通过 VR 设备进入到虚拟空间进行互动，所以特别需要营造虚拟场景中的沉浸感和临场感，3D 空间音频的应用在这里格外重要。

4）多用户实时帧同步。

4.1.2 游戏：太空杀、云游戏等场景解析

1. 游戏语音

场景介绍：游戏语音是指多名玩家在游戏过程中通过实时语音在线交流，开展团战指挥、协同作战、1v1 互动，及时分享游戏内战况、信息，同时拉近玩家距离，增强游戏乐趣。在诸如 MOBA（多人在线战术竞技游戏）、FPS 类竞技游戏（第一人称射击类游戏），休闲、棋牌类游戏，MMORPG（大型多人在线角色扮演游戏）类游戏中，语音已成为不可或缺的一部分，甚至能够影响战局表现及玩家的游戏体验。

游戏语音场景示例如图 4-3 所示。

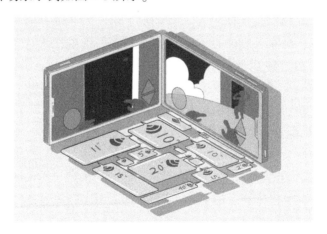

图 4-3 游戏语音场景示例图

游戏语音能够对游戏中的战局带来影响，因而对音频传输质量要求非常高，实现实时互动在该场景中的技术难点如下。

1）提供低延时、清晰的通话体验，并且能够轻松抑制常见噪声，杜绝回声

和啸叫，为用户提供流畅的通信体验。

2）代码增量小，CPU 占用、内存占用、耗电量均要小，并且能够兼容多款游戏引擎。

2. 游戏直播

场景介绍：游戏主播通过游戏平台或其他直播平台直播自己正在玩的游戏，并与观众实时互动沟通，观众也可以通过刷弹幕、送礼物等方式支持自己喜欢的主播。

实现实时互动在该场景中的技术难点如下。

1）游戏中的语音不能对当下场景中主播的直播造成干扰，需要保障主播与粉丝间的实时音视频互动体验。

2）单频道内需要支持最高百万人并发的要求，网络架构设计能够应对 10 倍以上负荷，轻松应对用户流量突增。

3）对音视频传输质量要求较高，需确保低延时、高质量、高稳定的音视频通话体验。

4）首帧秒开，需要保障视频第一帧画面的出图时间达到秒级出图。

3. 游戏社交

场景介绍：游戏社交常见于狼人杀、剧本杀、太空杀、棋牌类游戏及游戏对战平台等场景，玩家可以通过实时语音及视频的形式在线互动，参与到游戏对局中，也可以通过游戏语音结交好友，拉近彼此的距离，提升游戏参与度，赋予游戏更多的社交属性，有效提升平台用户活跃和留存时长。

实现实时互动在该场景中的技术难点如下。

1）需要确保低延时、高质量、高稳定的通话及视频体验，保证一定丢包比率下视频通话的质量。

2）能够轻松抑制常见噪声，杜绝回声和啸叫，为用户提供纯净音质体验。

3）要求 SDK 的包体积、CPU 占用、内存占用、耗电量小，并且能够兼容多款游戏引擎。

4）需要支持变声功能。

4. VR/AR 游戏

场景介绍：用户通过 VR/AR 设备（比如 VR 头显、AR 眼镜等）进行游戏互动。此种场景依托于虚拟场景的构建，用户多以 Avatar（使用者化身）形式出现，在虚拟场景中进行游戏、社交等的一系列动作和交互，具有强沉浸感、临场感、强参与感等特性。

实现实时互动在该场景中的技术难点如下。

1）需确保低延时、高质量、高稳定的通话体验。

2）单频道内需要支持最高百万人并发的要求，网络架构设计能够应对 10 倍以上负荷，轻松应对用户流量突增。

3）因为用户是通过 VR 设备进入到虚拟空间进行互动活动，所以特别需要营造虚拟场景中的沉浸感和临场感，3D 空间音频的应用在这里格外重要。

5. 小游戏语音

场景介绍：小游戏是相对于体积庞大的单机游戏及网络游戏而言的，泛指所有体积较小、玩法简单的游戏，通常这类游戏以休闲益智类为主（如五子棋、象棋、飞行棋等），有单机版、有网页版，在网页上嵌入的多为 Flash 格式。当下小游戏主要是指在线玩的 Flash 版本游戏，统称小游戏。因其游戏安装简便，耐玩性强，无依赖性而受到诸多玩家的喜爱。

游戏语音能够对游戏中的战局带来影响，因而对音频传输质量要求非常高，实现实时互动在该场景中的技术难点如下。

1）提供低延时、清晰的通话体验，并且能够轻松抑制常见噪声，杜绝回声和啸叫，为用户提供流畅的通信体验。

2）代码增量小，CPU 占用、内存占用、耗电量均要小，并且能够兼容多款游戏引擎。

6. 太空杀

场景介绍：太空杀是一款多人合作的派对游戏，玩家参与一场 4~10 人的太空航行，其中有几名冒充者混入飞船之中。船员需要完成一系列简单的小游戏任务，保证飞船的正常运作，而冒充者们则要设法搞破坏，或者击倒大部分船员以赢得胜利。游戏中，玩家需要通过打字或实时语音的形式与其他玩家交流，票选出嫌疑冒充者。

实现实时互动在该场景中的技术难点如下。

1）需要确保低延时、高质量、高稳定的通话及视频体验，保证一定丢包比率下视频通话的质量。

2）能够轻松抑制常见噪声，杜绝回声和啸叫，为用户提供纯净音质体验。

3）要求 SDK 的包体积、CPU 占用、内存占用、耗电量小，并且能够兼容多款游戏引擎。

4）需要支持变声功能

7. 狼人杀

场景介绍："把经典的狼人杀桌游搬到线上，玩家在平台快速配对，通过流畅的实时语音功能，进行一场谎言与推理的对抗，与诸多玩家一起用推理应对谎言，用语音互飙演技。

狼人杀是非常经典的角色扮演类游戏，需要玩家通过丰富的沟通推进剧情发展，因而对音频传输质量要求非常高，实现实时互动在该场景中的技术难点如下。

1）需要确保低延时、高质量、高稳定的通话及视频体验，保证一定丢包比率下视频通话的质量。

2）能够轻松抑制常见噪声，杜绝回声和啸叫，为用户提供纯净音质体验。

3）要求 SDK 的包体积、CPU 占用、内存占用、耗电量小，并且能够兼容多款游戏引擎。

4）需要支持变声功能。

8. 剧本杀

场景介绍："剧本杀"一词起源于西方宴会实况角色扮演"谋杀之谜"，是玩家到实景场馆体验推理性质的项目。剧本杀的规则是，玩家先选择人物，阅读人物对应剧本，搜集线索后找出活动里隐藏的真凶。而线上剧本杀集语音、逻辑推理、社交等多重属性于一体，让玩家能够足不出户，在线上也能体验到社交推理带来的刺激。

此类游戏就是通过玩家的语言描述推动剧情发展，因而对音频传输质量要求较高，实现实时互动在该场景中的技术难点如下。

1）需要确保低延时、高质量、高稳定的通话及视频体验，保证一定丢包比率下视频通话的质量。

2）能够轻松抑制常见噪声，杜绝回声和啸叫，为用户提供纯净音质体验。

3）要求 SDK 的包体积、CPU 占用、内存占用、耗电量小，并且能够兼容多款游戏引擎。

4）需要支持变声功能。

9. 线上棋牌室

场景介绍：将传统的线下棋牌类游戏（如斗地主、麻将、桥牌等）搬到了线上，在这里玩家可以设置任意房间，在线匹配或邀请自己的好友参与对局并进行语音交流，不仅能感受游戏带来的乐趣，也能拉近彼此间的距离。这种随开随玩，并且地点、时间不受限的游戏模式深受广大棋牌迷的喜爱。

实现实时互动在该场景中的技术难点如下。

1）提供低延时、清晰的通话体验，并且能够轻松抑制常见噪声，杜绝回声和啸叫，为用户提供流畅的通信体验。

2）代码增量小，CPU 占用、内存占用、耗电量均要小，并且能够兼容多款游戏引擎。

10. 你画我猜

场景介绍：你画我猜是一类非常有趣的社交互动小游戏，玩家在游戏中可以在系统给予的几个词中找到自己需要绘画的词，使用提供的简单工具在白板上作画，其他玩家可以自由上麦竞猜、边玩边聊。现在也有双人 PK 对战等场景，特别适用于主播在直播间烘托气氛。

实现实时互动在该场景中的技术难点如下。

1）提供低延时、清晰的通话体验，并且能够轻松抑制常见噪声，杜绝回声和啸叫，为用户提供流畅的通信体验。

2）代码增量小，CPU 占用、内存占用、耗电量均要小，并且能够兼容多款游戏引擎。

11. 你说我猜

场景介绍：你说我猜是一类非常有趣的社交互动小游戏，玩家在游戏中根据系统提供的词，通过语音向其他玩家或观众描述该词语，其他玩家可以自由上麦竞猜、边玩边聊。现在也有双人 PK 对战等场景，特别适用于主播在直播间烘托气氛。

此类游戏就是通过玩家的语言描述来进行，因而对音频传输质量要求较高，实现实时互动在该场景中的技术难点如下。

1）提供低延时、清晰的通话体验，并且能够轻松抑制常见噪声，杜绝回声和啸叫，为用户提供流畅的通信体验。

2）代码增量小，CPU 占用、内存占用、耗电量均要小，并且能够兼容多款游戏引擎。

12. 一站到底/直播答题

场景介绍：线上直播答题，由一名主持人以霸屏的方式出题，一般共有 12

道选择题，每次出题会弹出画面，每题有 10 秒的作答时间。如果所有题目全部闯关成功，则与其他全答对的观众平分奖金。一些直播平台会每天分几场答题，奖金数额也从 10 万元到 100 万元不等，吸引了大量用户参与。

一站到底/直播答题场景的示例如图 4-4 所示。

图 4-4　一站到底/直播答题场景示例图

在同时段参与线上答题的人非常多，实现实时互动在该场景中的技术难点如下。

1）能满足百万人，大频道、低频连麦需求的实时互动。

2）需要确保低延时、高质量、高稳定的通话及视频体验，保证一定丢包比率下视频通话的质量。

3）能够轻松抑制常见噪声，杜绝回声和啸叫，为用户提供纯净音质体验。

4）要求 SDK 的包体积、CPU 占用、内存占用、耗电量小，并能够兼容多款游戏引擎。

13. 云游戏

场景介绍：云游戏是以云计算为基础的游戏方式，在云游戏的运行模式下，所有游戏都在服务器端运行，并将渲染完毕后的游戏画面压缩后通过网络传送给用户。在客户端，用户的游戏设备不需要任何高端处理器和显卡，只需要基本的视频解压能力就可以了，告别了高端硬件和平台束缚，随时随地上云玩游戏。

实现实时互动在该场景中的技术难点如下。

1）兼容 Android、iOS、Windows 等多种平台。

2）高清画质体验需提供集实时音视频、触控控制信令、实时码流加速、互动直播、旁路推流等功能于一体的一站式服务。

3）通过编解码策略、网络传输策略和接入部署优化，实现公有云下的屏到屏超低延时［同城 80~100ms（毫秒）］和优异的弱网对抗。

4）网络架构设计能够应对 10 倍以上负荷，轻松应对用户流量突增。

实现实时互动在该场景中的技术难点如下。

1）高带宽消耗，以目前玩家能够接受的主流 1080P/60FPS 游戏为例，需要 10MB 左右的带宽，游戏帧数越高对带宽要求就越高。再加上电视、手机、智能音箱等同样需要带宽的设备，目前的家庭宽带无法完全保证需求。

2）低时延需求，射击游戏的时延超过 150ms 就会卡顿，竞技类游戏对时延更为敏感。

3）高 GPU 需求，云游戏只是把绝大部分图形渲染的任务"搬移"到了云端，并不意味着不再需要高性能的显卡。运行传统游戏时需要多少性能，云游戏的运营商就需要提供多少性能。

14. 互动小游戏

场景介绍：互动游戏即在直播间加入"小游戏"玩法，观众可通过刷礼物的形式改变"游戏内事件"，比如与主播同玩或帮助主播获胜，从而提高直播间互动氛围。目前常见的玩法有直播间游戏 PK（主播间进行跨直播间形式的对战）、多人游戏同玩（主播在房间内创建游戏，并允许观众围观或作为玩家加入）、1 对 1（1v1）游戏互动（在直播间或语聊房场景下的双人对战）。

互动小游戏场景的示例如图 4-5 所示。

图 4-5 互动小游戏场景示例图

直播间互动游戏是在直播的同时，主播可以跨房间 PK 或与粉丝同玩，实现实时互动在该场景中的技术难点如下。

1）实时音视频能力能够与市面上火爆的诸多小游戏一站式集成，节省企业开发时间。

2）应适配众多设备，确保游戏轻量级，用户不用额外安装。

3）保证游戏语音不会影响当下场景的实时音视频体验（主播直播与粉丝连麦等），消除回声、漏音等问题，打造绝佳游戏体验。

15. 直播间弹幕互动

场景介绍：诞生于直播平台的新型游戏玩法，相比于传统游戏直播，观众可以通过弹幕或者礼物影响游戏的进程，是该玩法的一大亮点。目前最主流的玩法为红蓝对决，观众选择阵营参与玩法对抗，通过刷弹幕、刷礼物等方式加强自己的战斗力，从而赢得游戏。还可以加入主播阵营进行跨平台 PK。

实现实时互动在该场景中的技术难点如下。

1）硬件性能：弹幕玩法通过弹幕控制游戏进程的强实时互动性，需要在游戏中不能对礼物、弹幕的数量做限制。同时礼物弹幕能具备个性化、炫酷的特效，并且需要提供流畅的、高质量的画面效果和观看体验。这样的运营需求，需要开播端具备强大的 CPU 和 GPU 处理能力，手机端或者普通计算机性能无法满足当前需求。

2）分辨率：开播分辨率不够，画面模糊、卡顿掉帧，影响开播效果和用户体验。

3）游戏适配：绝大部分弹幕玩法都是基于 Windows 系统开发，无法在手机或者 macOS 系统计算机上运行。

4.1.3　电商：直播带货、直播拍卖等场景解析

1. 直播拍卖

场景介绍：卖家在直播间对预拍卖的商品进行展示及介绍，在给出最低价后，卖家可以在规定时间内依次报价竞拍，最终以最高价格成交，常见于珠宝、字画、文玩、高档奢侈品等货品的交易。拍卖能带给买家沉浸、紧张的气氛，从而有效提升 GMV 和直播间人气。

卖家需要及时解答买家对商品信息、活动信息等的疑问，同时满足买家在拍卖过程中的报价、询问等直播间活动的公平、一致体验，因而该场景对音视频传输质量要求较高，实现实时互动在该场景中的技术难点如下。

1）确保低延时、高质量、高稳定的音视频通话体验。

2）单频道内需要支持最高百万人并发的要求，网络架构设计能够应对 10 倍以上负荷，轻松应对用户流量突增。

3）首帧秒开，需要保障视频第一帧画面的出图时间达到秒级出图。

2．一起购物

场景介绍：用户邀请好友通过屏幕共享的方式在当前购物场景下一同购物，商品一般会以悬浮窗进行展示，双方可以点击窗口查看商品详情，并且可以通过实时语音的方式一边聊天一边查看商品。该方式省去了链接分享的烦琐，也能加深彼此的关系，简化购买链路。

实现实时互动在该场景中的技术难点如下。

1）对音频传输质量要求较高，需确保低延时、高质量、高稳定的通话体验。

2）能够轻松抑制常见噪声，杜绝回声和啸叫，为用户提供纯净音质体验。

3）实时状态同步。

4）首帧秒开，需要保障视频第一帧画面的出图时间达到秒级出图。

3．产地直播

场景介绍：产地直播就是主播到产品的原产地进行直播卖货，比如很多海边的村民，直播自己出海打鱼的过程，然后在直播间销售海鲜。这种模式的优势是能够展现产品的"正宗"，强化原产地的卖点，让消费者更加信任。

带货主播在货品原产品进行直播，因为原产地网络环境差异，比如在海边、山地等，所以实现实时互动在该场景中的技术难点如下。

1）对音视频传输质量要求较高，需确保延时低至 500ms、高质量、高稳定的音视频通话体验。

2）单频道内需要支持最高百万人并发的要求，网络架构设计能够应对 10 倍以上负荷，轻松应对用户流量突增。

3）首帧秒开，需要保障视频第一帧画面的出图时间达到秒级出图。

4．商家竞卖直播

场景介绍：常见直播卖货的一种方式，由直播平台的不同品牌商家进行实时连麦 PK 带货，可以 1v1，也可以多人 PK。此种方式可以达到吸引用户和引流的目的，同时还可以刺激粉丝消费，提高产品知名度，增加不同商家产品的销售额。

主播之间跨房间 PK 的同时还要及时对粉丝信息进行回复，发红包、秒杀信息等，实现实时互动在该场景中的技术难点如下。

1）对音视频传输质量要求较高，需确保低延时。

2）这类型的秒杀在同一时段参与的用户数非常多，单频道内需要支持最高百万人并发的要求，网络架构设计能够应对 10 倍以上负荷，轻松应对用户流量突增。

3）首帧秒开，需要保障视频第一帧画面的出图时间达到秒级出图。

5. 主播带货直播

场景介绍：主播带货直播是指由带货主播在直播间对观众进行特定产品的推荐和介绍，观众可根据自身喜好决定是否购买。在产品推介过程中，主播可快速回复观众的提问，加深用户对产品的感知并提高产品转化率。此种方式是当下电商平台较火的直播卖货方式，头部主播一场带货 GMV（商品交易总额）就可过千万。

主播直播带货场景的示例如图 4-6 所示。

图 4-6　主播直播带货场景示例图

实现实时互动在该场景中的技术难点如下。

1）对音视频传输质量要求较高，需确保延时低至 500ms、高质量、高稳定的音视频通话体验。

2）单频道内需要支持最高百万人并发的要求，网络架构设计能够应对 10 倍以上负荷，轻松应对用户流量突增。

3）首帧秒开，需要保障视频第一帧画面的出图时间达到秒级出图。

4.1.4 直播：虚拟直播、云演唱会等场景解析

1. 秀场直播

场景介绍：秀场直播是直播行业的鼻祖，存在于电商直播、游戏直播出现之前，也是当下直播间中最为普遍和基础的一种形式。秀场直播的内容主要是主播通过唱歌、跳舞等形式在屏幕中展示才艺来吸引用户，依靠粉丝打赏、送礼物来盈利。目前常见的有单主播直播、主播与观众连麦互动、主播之间连麦 PK 等玩法。

秀场直播中的主播一般多进行才艺展示，比如唱歌、跳舞，甚至跨直播间 PK，因而需要满足以下功能。

1）对音视频传输质量要求较高，需确保低延时、高质量、高稳定的音视频通话体验。

2）能够轻松抑制常见噪声，杜绝回声和啸叫。

3）单频道内需要支持最高百万人并发的要求，网络架构设计能够应对 10 倍以上负荷，轻松应对用户流量突增。

4）能够提供高阶美颜、虚拟道具等更多特色直播功能。

5）首帧秒开，需要保障视频第一帧画面的出图时间达到秒级出图。

实现实时互动在该场景中的技术难点如下。

在秀场直播场景中，主播和互动嘉宾都采用 RTC 的分发网络进行低延迟的互动。对于支持 RTC 的普通观众同样能用 RTC 网络加入网络，只订阅下行的流，从而获得超低延迟的体验。而对于不支持 RTC 的观众，则只能观看通过 MCU 合流转推出来的直播流，和原有的普通直播保持相同的体验。

1）带宽和网络延迟：秀场直播中需要高质量的实时音视频数据传输，而这需要充足的带宽和低延迟的网络。由于实时互动的性质，网络延迟必须尽可能地降低，以确保观众和主播之间的能够实时、流畅地进行互动。

2）视频编码和解码：为了实现高清、流畅的视频传输，秀场直播需要使用高效的视频编码和解码算法。这些算法需要在保证视频质量的同时，尽可能地减小数据传输量，以降低带宽要求和延迟。

3）实时音频处理：秀场直播中的音频需要经过实时处理，以提供清晰、稳

定、准确的声音。环境噪声、回声消除和去混响，以及实现实时的音频同步等技术难题需要得到解决。

4）视频流媒体传输优化：为了保证观众能够流畅地收看直播，需要对视频流媒体传输进行优化。这包括选择合适的流媒体协议、适应不同网络环境的码率自适应和错误恢复机制等。

5）用户互动和礼物赠送：秀场直播场景中，观众通常可以与主播进行互动、送礼物等活动。这涉及实时数据传输、安全性和用户体验等。

6）直播内容管理和监管：为了维护直播平台的秩序和内容质量，需要进行直播内容的管理和监管。这包括人工审核、自动化过滤、违规行为检测等技术手段。

7）多平台兼容性：秀场直播常常需要同时在多个平台上进行推流，因此需要解决不同平台之间的兼容性问题，以确保直播内容可以在不同设备和应用上无缝播放和观看。

2. 秀场直播转私密房

场景介绍：1v1 视频场景的延伸玩法，主播在直播过程中，观众可以付费向主播发起 1v1 通话申请，原直播间不关闭但无画面，直至双方结束 1v1 通话后，直播间会恢复主播的画面。秀场转 1v1 不仅丰富了直播场景的玩法，还为秀场主播提供了礼物打赏外新的营收方式，平台根据 1v1 通话分钟数来计费，主播可获得一定的分成。

实现实时互动在该场景中的技术难点如下。

1）全球跨区域互通：在海外弱网地区也可以实现秒接通。

2）高清视频方案：在 1v1 场景素人用户为主、低端机占据主流市场的情况下，实现高清流畅的视频体验。

3）快速上线方案：支持几行代码快速实现 1v1 互通，降低开发成本。

4）完整解决方案：额外提供美颜、内容审核等完整快速上线。

3. 赛事直播

场景介绍：大型文体赛事，如足球赛、歌唱比赛等除了同步、实时转播现场赛况外，也能支持超百人的在现场大屏上进行互动，并且上屏观众可以通过实时音视频与现场嘉宾互动，为现场参赛人员呐喊助威。目前多应用于足球赛、橄榄球赛、板球赛等需要现场气氛烘托的体育赛事中。

实现实时互动在该场景中的技术难点如下。

1）对音视频传输质量要求较高，需确保低延时、高质量、高稳定的音视频通话体验。

2）单频道内需要支持最高百万人并发的要求，网络架构设计能够应对 10 倍以上负荷，轻松应对用户流量突增。

3）首帧秒开，需要保障视频第一帧画面的出图时间达到秒级出图。

4. 电竞直播

场景介绍：电竞比赛主办方或游戏主播在直播平台或是该游戏内直播电竞比赛，并与观赛粉丝实时互动，观众可以通过刷弹幕方式应援，也可以给喜欢的主播刷礼物。

实现实时互动在该场景中的技术难点如下。

1）游戏中的语音不能对当下场景中主播的直播造成干扰，需要保障主播与粉丝间的实时音视频互动体验。

2）单频道内需要支持最高百万人并发的要求，网络架构设计能够应对 10 倍以上负荷，轻松应对用户流量突增。

3）对音视频传输质量要求较高，需确保低延时、高质量、高稳定的音视频通话体验。

4）首帧秒开，需要保障视频第一帧画面的出图时间达到秒级出图。

5. 鉴宝直播

场景介绍：持宝人与鉴宝师进行视频连麦，对持有的宝物在真伪、年代、价格、价值等方面进行鉴定。在鉴宝师进行鉴定时，其他观众可以在直播间内发送弹幕、即时消息等。

实现实时互动在该场景中的技术难点如下。

1）对宝物进行鉴定，特别需要对细节的把控，但宝友的网络环境又很难预测，因而需要支持视频画面分辨率、码率自适应。

2）需要确保在光线较暗的环境下，能够提供清晰、明亮的图像及视觉效果。

3）要求低延时、稳定的实时音视频传输及通话质量。

4）首帧秒开，需要保障视频第一帧画面的出图时间达到秒级出图。

6. 虚拟主播

场景介绍：虚拟主播是指使用虚拟形象在视频平台上进行直播活动的主播，以虚拟 YouTuber 最为人所知。在中国，虚拟主播普遍被称为虚拟 UP 主（Virtual

Uploader，VUP）。虚拟主播形象多以 MMD（一款动画软件）或 Unity（一款实时 3D 互动内容创作和运营平台）的 3D 模型或 Live2D（一种应用于电子游戏的绘图渲染技术）制作的 2D 模型出现，并以真人声优配音，但声优一般情况下并不公开，视频形式多种多样，Vlog 和游戏实况较多。

虚拟主播场景的示例如图 4-7 所示。

图 4-7　虚拟主播场景示例图

实现实时互动在该场景中的技术难点如下。

1）对音视频传输质量要求较高，需确保低延时、高质量、高稳定的音视频通话体验。

2）能够提供高阶美颜、虚拟道具等更多特色直播功能。

3）需要真人主播与虚拟形象的表情、肢体动作、情绪等做到实时同步。

4）主播动作及面部表情捕捉，并且实现帧同步。

5）变声功能。

7. PK 直播

场景介绍：PK 直播是当下直播间中最为普遍和基础的一种形式，直播的内容主要是两个或多个主播跨直播间进行才艺、带货比拼，通过紧张、激烈的气氛来吸引用户围观，主要依靠粉丝打赏、送礼物来盈利。

主播与主播之间的 Battle，为了确保 Battle 流畅，以及粉丝的观看、互动体验，对音视频传输质量要求较高，实现实时互动在该场景中的技术难点如下。

1）需确保低延时、高质量、高稳定的音视频通话体验。

2）轻松抑制常见噪声，杜绝回声和啸叫，为用户提供纯净音质体验。

3）单频道内需要支持最高百万人并发的要求，网络架构设计能够应对 10 倍以上负荷，轻松应对用户流量突增。

4）提供高阶美颜、虚拟道具等更多特色直播功能，吸引用户关注，增加使用时长。

8. 二次元直播

场景介绍：直播的一种形式，主播会身穿二次元制服及相关装扮进行直播并与粉丝互动，粉丝可以通过刷弹幕方式应援，也可以给喜欢的主播刷礼物。

实现实时互动在该场景中的技术难点如下。

1）对音视频传输质量要求较高，需确保低延时、高质量、高稳定的音视频通话体验。

2）轻松抑制常见噪声，杜绝回声和啸叫，为用户提供纯净音质体验。

3）单频道内需要支持最高百万人并发的要求，网络架构设计能够应对 10 倍以上负荷，轻松应对用户流量突增。

4）能够提供高阶美颜、虚拟道具等更多特色直播功能为加分项。

9. 云演唱会

场景介绍：基于先进的技术能力，将艺人的表演，融合真实与虚拟的场景，以及多种视听技术，为用户带来前所未有的新鲜体验。当下，很多云演唱会平台已实现了包括线上虚拟座席、专属虚拟分身形象、现场大屏连线实时互动、现场同频实体应援棒、粉丝共创舞台等多种玩法，粉丝即便是在线上，也能够与明星的距离更近，享受参与感和沉浸感。

实现实时互动在该场景中的技术难点如下。

1）明星合唱要求端到端超低延时、精准的伴奏以及人声多端精准同步。

2）演唱会动辄有几千、几万人参与，因而频道内需要支持最高百万人并发的要求，网络架构设计能够应对 10 倍以上负荷。

3）万人同屏。

4）观众端收听收看演唱会画面强同步，并且音画同步。

10. 云旅游

场景介绍：大约从 2020 年后兴起的一种线上旅游形式，旅游主播会通过直播的形式将正在游览的风景介绍给观众，观众可以刷弹幕，也可以通过 IM（实时通信）的形式与主播实时沟通。

实现实时互动在该场景中的技术难点如下。

1）单频道内需要支持最高百万人并发的要求。

2）对音视频传输质量要求较高，需确保低延时、高质量、高稳定的音视频通话体验。

3）对视频传输中的画质要求较高。

4）网络架构设计能够应对 10 倍以上负荷，轻松应对用户流量突增。

11. OTT 视频平台

场景介绍：OTT 为 Over The Top 的缩写，是最新的视频处理技术，指视频内容通过网络开放传输的一种方式。用户可以通过各种互联网设备如：PC、笔记本电脑、平板电脑、智能手机、机顶盒等访问视频内容。国内常见的 OTT 视频平台以"爱优腾"为代表。

实现实时互动在该场景中的技术难点如下。

1）需要支持视频画面分辨率、码率自适应。

2）提供回声消除、降噪等功能，确保用户在观影的同时可以清晰地进行音视频交流。

3）低清高码、流媒体传输。

4.1.5　AIGC 相关场景解析

1. AI 语音助手

场景介绍：通过 AIGC（生成式人工智能）+RTC（实时时钟），能够让用户与 AI 助手进行 1v1 实时语音对话。通过 Prompt（AI 指令或 AI 提示词）为助手设置丰富的人设，配合 RTC 的超低延迟，能够让 AI 像真实的助手一样互动，提供帮助。

2. AI 口语老师

场景介绍：通过 Prompt 赋予 AI 口语老师的人设，能够让用户与 AI 助手进行 1v1 实时口语对练，支持各大语种，能够让 AI 根据设定的口语水平来进行陪练，并能够为用户提供练习后的反馈。

3. AI 虚拟恋人

场景介绍：支持用户自定义一个专属虚拟恋人，AI 可以随时随地与用户进行情感陪聊。

4. AI 游戏 NPC

场景介绍：通过 Prompt 设定游戏规则与角色定位，可以让 AI 在语音游戏中扮演主持人或玩家的角色，与真人玩家一起进行游戏。例如 AI 可以主持海龟汤、你说我猜等游戏，也可以作为玩家一起来一局谁是卧底、狼人杀。通过 RTC 的超低延迟以及 AI 出色的能力，AI 可以无障碍且优秀的完成游戏。

以上四个 AIGC 场景实现实时互动的技术难点如下。

1）AI 语音对话通常延迟较高，很影响对话体验，RTE 在这类场景中可以有效降低对话延迟，让人机对话更加流畅。

2）流式对话中，周围人声和噪声极容易对人机对话造成干扰，通过 AI VAD、AGC、AINS 等音频功能，可以非常有效地抑制周围噪声的干扰，并能够更好地识别用户说话的完整语义，让语音识别更加完整准确。

3）AI 的声音输出除支持 TTS（从文本到语音）外，还支持声音克隆，给音频体验带来更多的丰富性。

4.1.6 体育脱口秀、一起看比赛等场景解析

1. 体育远程加油

场景介绍：用户通过手机、计算机等移动设备，通过实时音频的形式加入体育场内正在进行的大型体育赛事，如足球赛、橄榄球赛等，为现场参赛人员呐喊助威、欢呼、鼓掌等，这些声音将通过扬声器实时回荡在赛场上，点燃运动员的斗志。目前多应用于需要现场气氛烘托的体育赛事中。

实现实时互动在该场景中的技术难点如下。

1）远程加油，除了对音频传输质量有一定要求外，还需要确保能够轻松抑制常见噪声，杜绝回声和啸叫。

2）单频道内需要支持最高百万人并发的要求，网络架构设计能够应对 10 倍以上负荷，轻松应对用户流量突增。

3）多摄像头机位切换时画面秒开。

4）高清画质。

2. 一起看比赛

场景介绍：一起看比赛是指用户可以邀请好友在线上的同一房间中一同观

看正在进行中的体育赛事，一边享受超低延时的比赛直播，一边与好友视频或者语音聊天评论，双方保持超强的同步性，共享每一个精彩时刻。在娱乐线上化的趋势下，一起看比赛正在成为球迷喜爱的线上观赛新玩法。

实现实时互动在该场景中的技术难点如下。

1）对音视频传输质量要求较高，需要确保低延时、高质量、高稳定的通话及视频体验。

2）保证一定丢包比率下视频通话的质量。

3）能够轻松抑制常见噪声，杜绝回声和啸叫，为用户提供纯净音质体验。

4）所有观众端播放进度的同步。

3. 大 V 解说

场景介绍：知名体育赛事 KOL（关键意见领袖，可单人或多人）作为主播，基于某场比赛的直播场景进行互动解说，对外分发给大批量在线观众。这种云解说形式不仅能够吸引大 V 自带的粉丝流量，还能够提供更好的观赛氛围，创造更沉浸的观赛体验。对于小白观众来说，专业的解说更能帮助他们理解比赛内容，跟进实时赛况。

实现实时互动在该场景中的技术难点如下。

（1）主播端

1）全球不同地区的大 V 主播，同一时刻观看到的赛事流音画强同步。

2）主播在保持画面同步的情况下 RTC 实时互动延时正常（400ms 以内），同时音画同步。

（2）观众端

不同观众端同一时刻观看的赛事画面和解说的画面保持同步，同时音画同步。

4. 体育脱口秀（Sports Talkshow）

场景介绍：围绕体育内容展开的线上脱口秀，多以 1 个主持人加几个体育界嘉宾的形式展开，主播可与观众实时互动沟通。

实现实时互动在该场景中的技术难点如下。

1）对音视频传输质量要求较高，需确保低延时、高质量、高稳定的音视频通话体验。

2）单频道内需要支持最高百万人并发的要求，网络架构设计能够应对 10 倍以上负荷，轻松应对用户流量突增。

4.1.7　虚拟演唱会、云综艺等场景解析

1. 虚拟演唱会

场景介绍：基于先进的技术能力，将艺人的表演，融合真实与虚拟的场景，以及多种视听技术，为用户带来前所未有的新鲜体验。已实现了包括线上虚拟座席、专属虚拟分身形象、现场大屏连线实时互动、现场同频实体应援棒、粉丝共创舞台等多种玩法，粉丝即便是在线上，也能够与明星的距离更近，享受参与感和沉浸感。

虚拟演唱会场景的示例如图 4-8 所示。

图 4-8　虚拟演唱会场景示例图

实现实时互动在该场景中的技术难点如下。

在云演唱会的基础上，增添了 3D 虚拟空间、3D 虚拟数字人、3D 虚拟道具建模等功能。

1）因为是虚拟空间的演唱会，因而对沉浸感的营造尤为重要，除了保证音视频传输质量外，还需打造 3D 空间音频。

2）对演唱会的传输画质、渲染有一定要求。

3）单频道内需要支持最高百万人并发的要求，网络架构设计能够应对 10 倍以上负荷，轻松应对用户流量突增。

4）主播动作及面部表情捕捉，并且实现帧同步。

5）需要支持变声功能。

2. 媒体及新闻广播（Broadcast Media & News）

场景介绍：在传统电视节目或新闻广播播出中间，增加观众与主播互动环节，比如与主播连麦沟通对某个新闻事件的看法等。

实现实时互动在该场景中的技术难点如下。

1）对音视频传输质量要求较高，需要确保低延时、高质量、高稳定的通话及视频体验。

2）保证弱网环境下一定丢包比率下视频通话的质量。

3）需要支持视频画面分辨率、码率自适应。

4）需要确保在光线较暗的环境下，能够提供清晰、明亮的图像及视觉效果。

3. 云音乐服务（Music Services）

场景介绍：在线听音乐服务，除了提供传统的听音乐、电台功能外，还有好友"一起听""互动播客"等其他社交功能。

实现实时互动在该场景中的技术难点如下。

1）对音频传输质量要求较高，需确保低延时、高质量、高稳定的通话体验。

2）因为一起听音乐时，用户很可能处在通勤或其他有噪声的环境中，所以需要能够轻松抑制常见噪声，杜绝回声和啸叫，为用户提供纯净音质体验，享受音乐带来的美妙体验。

3）要求各端听到的伴奏同步。

4. 虚拟偶像演唱会

场景介绍：将虚拟偶像的 3D 形象通过全息投影在舞台上进行唱歌、跳舞类的表演，虚拟偶像形象背后是一个穿着动捕服的工作人员，其声音和动作将会与虚拟偶像同步；近年来，虚拟偶像演唱会非常受欢迎，许多演唱会在日本或韩国举办，但声优却在国内。

实现实时互动在该场景中的技术难点如下。

1）因为是虚拟空间的演唱会，所以对沉浸感的营造尤为重要，除了保证音视频传输质量外，还需打造 3D 空间音频。

2）对演唱会的传输画质、渲染有一定要求。

3）单频道内需要支持最高百万人并发的要求，网络架构设计能够应对 10

倍以上负荷，轻松应对用户流量突增。

4）主播动作及面部表情捕捉，并且实现帧同步。

5）需要支持变声功能。

5. 云综艺

场景介绍：云综艺是指节目进行连线设置后，以直播群聊模式为基本架构，将原本演播室内聚集的人群分散于多个实体空间中，让主持人、演员、观众在云空间加入节目的制作过程中，经由后期的技术加工，最后以跨屏整合传播的形式呈现出来。

实现实时互动在该场景中的技术难点如下。

1）保证在一定丢包比率下视频通话的质量，确保节目的正常录制。

2）因为演员、观众所处异地，所以更需要支持视频画面分辨率、码率自适应。

3）需要确保在光线较暗的环境下，能够提供清晰、明亮的图像及视觉效果。

4）多机位、多视角的采集，图像的拼合。

5）低延时的传输要求，抗弱网、清晰画质、音画同步。

6. 宾果游戏（Bingo）

场景介绍：Bingo 是一种填写格子的游戏，在游戏中第一个成功者以喊 Bingo 表示取胜而得名，表示答对了、猜中了，或者是做到了某件事情。近年来，国外某些地区将 Bingo 游戏搬到了线上，大批粉丝通过游戏平台参与，非常火爆。

实现实时互动在该场景中的技术难点如下。

1）游戏中的语音不能对当下场景中主播的直播造成干扰，需要保障主播与粉丝间的实时音视频互动体验。

2）单频道内需要支持最高百万人并发的要求，网络架构设计能够应对 10 倍以上负荷，轻松应对用户流量突增。

3）对音视频传输质量要求较高，需确保低延时、高质量、高稳定的音视频通话体验。

4）首帧秒开，需要保障视频第一帧画面的出图时间达到秒级出图。

4.2 实时互动在 IoT 行业的应用

2020 年，IoT 产业到达了"物超非"的历史时刻，即全球物联网连接数首次超过非物联网连接数，随之而来的是 IoT 应用发展提速。为提升用户与智能硬件设备互联互动的体验，越来越多的智能硬件开始增加实时音视频互动功能，为设备装上"眼睛"和"耳朵"。

智能家居场景，如智能音箱、智慧屏、智能摄像头、智能门铃等设备跟实时互动技术结合后，增加了互动属性，在"音视频"buff 的加持下，设备除了可以和家人双向实时通话外，辅以红外激光、羽毛等外设还可以成为"逗宠"神器，远程与宠物进行实时互动。

在面向消防安防和民用安防监控场景中，实时互动技术不仅能满足基础的视频和通话，还能提供视频呼叫、告警消息和事件录制等能力。

随着元宇宙的爆火，AR、XR 设备也受到高度关注，这类设备搭载实时互动技术让人、场景、物三者进行重构，更好地实现了在虚拟空间中的沉浸互动体验。

4.2.1 智能穿戴：智能头显、智能手表等场景解析

1. 智能手表

场景介绍：智能手表除指示时间之外，还具有提醒、导航、校准、监测、交互等其中一种或者多种功能，能提供实时音视频通话、信息处理、定位、健康监测等功能。

实现实时互动在该场景中的技术难点如下。

1）客户端覆盖兼容要求广，例如手机端、小程序端等。

2）低端手表的性能和体验难保障，RTOS（实时操作系统）适配难。

3）智能穿戴最大的痛点就是轻巧、续航和发热，在保障通话质量的前提下，需要提供极小包体、低功耗音视频 SDK。

4）移动端超分辨率与 IoT 平台中实时互动场景的关系：在智能硬件终端对音视频 SDK 的功耗要求非常高，一旦视频通话的视频传输太占功耗，就会造成硬件的续航时间下降，发烫发热等。对此，通过基于移动端的超分算法可以将硬件设备端的 720P 视频以 360P 进行采集，并通过 360P 进行传输，在接收端将接收到的 360P 视频增强到 720P，不仅保证了智能硬件终端的视频画质，还降低了 SDK 功耗，增加了硬件的续航时间。

2. 智能头显

场景介绍：通过各种头戴式显示设备，用不同方法向眼睛发送光学信号，可以实现虚拟现实（VR）、增强现实（AR）、混合现实（MR）等不同效果，能提供虚拟现实沉浸体验。

智能头显场景的示例如图 4-9 所示。

图 4-9　智能头显场景示例图

实现实时互动在该场景中的技术难点如下。

1）需要通过技术组合营造用户沉浸感。

2）对视频融合，深度信息/点云数据传输有要求。

3）需要支持 Avatar 的结构化数据传输和强同步。

4）在空间内要保障实时音视频能超低延时传输，防止用户有晕眩感。

3. AR 眼镜

场景介绍：主播们带上可穿戴式 AR 眼镜即可"解放双手、双肩"，能够将主播双眼所见到的场景画面毫无保留记录下来，还可图像实时回传。对于不能到现场只能通过手机看直播的观众来说，可以借用主播的眼睛，第一视角看现场，"亲临其境"的体验感会更加强。

实现实时互动在该场景中的技术难点如下。

1）对音视频传输的质量、稳定性、延时有高要求。

2）需要支持 AR 眼镜等硬件的适配。

4. 智能头盔

场景介绍：主要用在工业远程协作场景，通过技术人员结合高新科技产品把一个普通的头盔升级，达到我们所需要的智能功能，智能头盔与可视指挥系统在消防火场等应急救援行业得到了广泛的应用。

实现实时互动在该场景中的技术难点如下。

1）对低延时、画质清晰度有高需求。

2）需要支持对智能头显等硬件的适配。

5. 老年智能拐杖

场景介绍：这款拐杖主要专为老年人设计，特别对于行动不便或者有行走困难的老年人具有重要的作用。它内置的 GPS 可以实时定位老人位置，防止老人走失，同时可以监测老人行走状态，预防跌倒。可以提供老年人的健康监测，并能够自动报警，可以双向语音通话。

实现实时互动在该场景中的技术难点如下。

1）对双向语音对讲效果有较高要求，不能有明显的回音噪声等。

2）有实时信令下发的需求。

6. 电子学生卡

场景介绍：电子学生卡相当于学生的简易版"手机"，除了具有手机的基本通话功能外，还具有定位、一键求助、移动支付等功能。智能学生卡可以成为学校与学生的一个连接桥梁，从而更好提高学校管理效率。学校可以通过这个电子学生卡来查看学生相关行为，同时还可以让家长更好地了解孩子的学校生活。

实现实时互动在该场景中的技术难点如下。

对音频传输质量、延时有较高要求。

4.2.2 智慧人居：可视门铃、健身魔镜等场景解析

1. 智能摄像头

场景介绍：可以远程监控家里实时动态，支持远程查看、语音通话、视频报警、分享等功能。

实现实时互动在该场景中的技术难点如下。

1）对音视频传输的出图速度、延迟要求高。

2）对双向语音对讲效果有高要求，不能有明显的回音噪声等。

3）有实时信令下发的需求。

2. 可视门铃

场景介绍：主要用在商品住宅楼，通过呼叫进行可视对话，确定来访身份。使用时，住户听到铃声，像接听可视电话一样，接受来访者通过楼下门口主机的呼叫进行对话，同时住户家中的可视分机可通过楼下主机摄像头接收视频影像，住户观察分机显示屏幕上的监控图像确认来访者的身份，决定是否允许来访客人开门进入。

可视门铃场景的示例如图 4-10 所示。

图 4-10 可视门铃场景示例图

实现实时互动在该场景中的技术难点如下。

1）对音视频传输的出图速度、延迟要求高。

2）对双向语音对讲效果有高要求，不能有明显的回音噪声等。

3）有实时信令下发的需求。

4）可视门铃通常是带电池设备，对低功耗保活的稳定性要求高，这样才能保证设备的唤醒。

3. 智能门锁

场景介绍：智能门锁是在传统机械锁的基础上改进的，在用户安全性、识别、管理性方面更加智能化简便化，智能门锁是门禁系统中锁门的执行部件，具备智能监控、视频通话、远程拍摄等功能。

实现实时互动在该场景中的技术难点如下。

1）对音视频传输的出图速度、延迟要求高。

2）对双向语音对讲效果有高要求，不能有明显的回音噪声等。

3）有实时信令下发的需求。

4）可视门锁通常带电池设备，对低功耗保活的稳定性要求高，才能保证设备的唤醒。

4. 楼宇对讲

场景介绍：这是一个安全防范系统，即在多层或高层建筑中实现访客、住户和物业管理中心相互通话、信息交流并实现对小区安全出入通道控制的管理系统。

实现实时互动在该场景中的技术难点如下。

1）对音视频传输的出图速度、延迟要求高。

2）对双向语音对讲效果有高要求，不能有明显的回音噪声等。

3）楼宇对讲通常会存在多客户端，需要对多端兼容。

4）音视频呼叫功能需要支持一呼多功能。

5. 智能宠物设备

场景介绍：宠物主人可以通过终端设备实现对宠物的智能喂养、看护、监测、远程交流，甚至是远程陪玩等。

智能宠物设备场景的示例如图 4-11 所示。

图 4-11　智能宠物设备场景示例图

实现实时互动在该场景中的技术难点如下。

1）对音视频传输的出图速度、延迟要求高。

2）对双向语音对讲效果有高要求，不能有明显的回音噪声等。

3）有实时信令下发的需求。

6. 智能电视

场景介绍：实现双向人机交互功能，集影音、娱乐、数据等多种功能于一体，并可以支持音视频通话、视频会议、跨屏互动、边看边聊等需求。

实现实时互动在该场景中的技术难点如下。

1）因为智能电视有不同的操作系统，所以需要适配不同的操作系统。

2）视频会议对音视频传输的延迟、对讲效果要求高。

7. 电视盒子

场景介绍：电视盒子是一个小型的计算终端设备，通过 HDMI 或色差线等技术将其与传统电视连接，就能在传统电视上实现网页浏览、网络视频播放、应用程序安装，甚至能将手机、平板中的照片和视频投射到家中的大屏幕电视当中。

实现实时互动在该场景中的技术难点如下。

1）视频会议、实时通话等场景对音视频传输的延迟、对讲效果要求高。

2）多端之间的音视频数据需要互通，对设备兼容性要求高。

8. 智能音箱

场景介绍：智能音箱是音箱升级的一个产物，也是家庭消费者用语音进行上网的一个工具，比如点播歌曲、上网购物，或是了解天气预报，它也可以对智能家居设备进行控制，比如打开窗帘、设置冰箱温度、提前让热水器升温等。

实现实时互动在该场景中的技术难点如下。

对音视频传输质量、网络稳定性、延时有高要求。

9. 健身魔镜

场景介绍：健身魔镜是智能显示屏和镜面合二为一的新产品，开机可以观看健身视频教程，关机可以当穿衣镜用，装有摄像头和传感器等设备，会陪伴、指导用户健身。

实现实时互动在该场景中的技术难点如下。

1）需要保障互动团课的双讲和背景音的平衡。

2）需要低延时、稳定、流程的音视频传输。

10. 扫地机器人

场景介绍：扫地机器人又称自动打扫机、智能吸尘、机器人吸尘器，是智能家用电器的一种，通过搭载人工智能技术，自动在房间内完成地板清理工作，可以进行远程监控，实时音视频控制现场环境清扫。

实现实时互动在该场景中的技术难点如下。

对实时音视频互动过程中的低延时、音/画质有高要求。

11. 智能割草机

场景介绍：智能割草机可以自动识别周围的障碍物，规划路径并进行割草作业，可以进行远程监控，实时音视频控制割草。

实现实时互动在该场景中的技术难点如下。

1）对实时音视频互动过程中的低延时、音/画质有高要求。

2）有实时信令下发的需求。

12. 可视家电

场景介绍：可视家电指家用电器能支持视频监控和音视频双向对讲等功能。

实现实时互动在该场景中的技术难点如下。

需要低延时、稳定、流程的音视频传输。

4.2.3 智能出行：智能车机、智能座舱等场景解析

1. 行车记录仪

场景介绍：行车记录仪是对车辆行驶速度、时间、里程以及有关车辆行驶的其他状态信息进行记录、存储并可通过接口实现数据输出的数字式电子记录装置。

实现实时互动在该场景中的技术难点如下。

1）对于 SDK 大小、内存占用有比较高的要求。

2）对音视频传输的质量、稳定性、抗弱网、延时性要求较高。

2. 智能后视镜

场景介绍：智能后视镜常指汽车的后视镜，其具有独立的操作系统和运行

空间，可以由用户自行安装软件、游戏、导航等第三方服务商提供的程序，并可以通过 WiFi 或者移动通信网络来实现无线网络接入，同时可以提供行车记录、GPS 定位、电子测速提醒、倒车可视、实时在线影音娱乐等功能。

实现实时互动在该场景中的技术难点如下。

1）对于 SDK 大小，内存占用有比较高的要求。

2）对音视频传输的质量、稳定性、抗弱网、延时性要求较高。

3. 智能座舱

场景介绍：智能座舱是指将车里更改成数字化平台，搭载智能化/网联化的车载设备或服务，操作模式也从传统的按钮形式改成触摸或语音控制，舱内提供游戏、娱乐的设计解决方案。

实现实时互动在该场景中的技术难点如下。

需要稳定、流畅、低延时的实时音视频传输。

4. 智能车机

场景介绍：智能车机指安装在车辆驾驶台上、拥有 ETC 通行、在线导航、路况信息、出行导游、购物、娱乐影音、车载紧急救援、车载语音聊天、远程控制消息等多种功能的车载终端。

实现实时互动在该场景中的技术难点如下。

需要稳定、流畅、低延时的实时音视频传输。

4.2.4　平行操控相关场景解析

1. 无人矿车

场景介绍：在矿场工作中，有无人矿车可以替代传统的矿工进行许多危险和精细的工作（如挖矿和运输）。通过平行驾驶、平行操控，以确保无人矿车在矿山环境中能够安全、高效地作业运输。

实现实时互动在该场景中的技术难点如下。

1）延时要求高，需要在 200ms 内。

2）需要多路高清回传。

3）要满足实时画面低延时性和传输稳定性。

2. 云赛车

场景介绍：云赛车基于云计算和人工智能，主要用于爱好者和专业赛车手进行远程驾驶的赛车比赛。通过云平台的控制，驾驶员可以在家中就能参与远程的赛车比赛。

实现实时互动在该场景中的技术难点如下。

1）赛车速度快，对延时要求高。

2）需要多路高清回传。

3）要满足实时画面低延时性和传输稳定性。

3. 无人机

场景介绍：指利用无线电遥控设备和自备的程序控制装置操纵的不载人飞机，或者由车载计算机完全或间歇地自主地操作，分为军用和民用。军用方面，无人机分为侦察机和靶机。民用方面，应用于航拍、农业、植保、微型自拍、快递运输、灾难救援、观察野生动物、测绘、新闻报道、电力巡检、救灾、影视拍摄、制造浪漫等领域。

无人机场景的示例如图 4-12 所示。

图 4-12　无人机场景示例图

实现实时互动在该场景中的技术难点如下。

1）因为无人机场景会涉及多机组作业，所以需要能支持多路高清画面实时直播。

2）无人机作业时，要满足实时直播画面低延时性和传输稳定性。

4. 无人配送车

场景介绍：无人配送车能够在各种场景下，如学校、医院、商业区等，完成从餐饮、生鲜、药品到快递等各类货物的配送任务。通过平行驾驶，以确保配送车在城市环境中能够安全、高效地完成配送任务。

实现实时互动在该场景中的技术难点如下。

1）延时要求高，需要在 200ms 内。

2）需要多路高清回传。

3）对音视频传输的质量、稳定性、抗弱网、延时性要求较高。

5. 无人接驳车

场景介绍：无人接驳车可以提供人员的接驳服务，如机场、景区等场所的客运服务。通过平行驾驶，以确保接驳车能够安全、快速地接驳乘客。

实现实时互动在该场景中的技术难点如下。

1）延时要求高，需要在 200ms 内。

2）需要多路高清回传。

3）对音视频传输的质量、稳定性、抗弱网、延时性要求较高。

6. 无人挖掘机

场景介绍：无人挖掘机可以自动进行土方作业和建筑工程中的挖掘任务。平行操控用于远程挖矿、机器人操控等远程控制场景，以确保无人挖掘机能够在复杂的施工环境中进行高效的挖掘作业，减少人伤事故。

实现实时互动在该场景中的技术难点如下。

1）延时要求高，需要在 200ms 内。

2）需要多路高清回传。

4.2.5　机器人：服务/工业机器人等场景解析

1. 服务机器人

场景介绍：服务机器人可以分为专业领域服务机器人和个人/家庭服务机器人。服务机器人的应用范围很广，主要从事维护保养、修理、运输、清洗、保安、救援、监护等工作，能提供视频监控、音视频双向通话等功能。

服务机器人场景示例如图 4-13 所示。

实现实时互动在该场景中的技术难点如下。

需要支持器人的视频实时监控、音视频双向对讲、远程控制、云录制等功能需求。

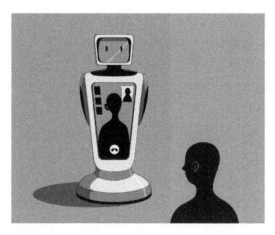

图 4-13　服务机器人场景示例图

2. 工业机器人

场景介绍：工业机器人广泛用于工业领域，具有一定的自动性，可依靠自身的动力能源和控制能力实现各种工业加工制造，多应用于电子、物流、化工等各个工业领域作业，具备实时视频监控、音视频双向通话、远程指挥调度、自定义控制消息等功能。

实现实时互动在该场景中的技术难点如下。

对音视频画质、延时及互动性有较高需求。

3. 宠物机器人

场景介绍：宠物机器人可以与人类互动并提供陪伴和娱乐功能。宠物主人可以通过终端设备实现对宠物的智能喂养、看护、监测、远程交流甚至是远程陪玩等。

实现实时互动在该场景中的技术难点如下。

1）对音视频传输的出图速度、延迟要求高。

2）对双向语音对讲效果有高要求，不能有明显的回音噪声等。

3）有实时信令下发的需求。

4.2.6　采访背包等场景解析

1. 云手机

场景介绍：基于端云一体虚拟化技术，通过云网、安全、AI 等数字化能力，弹性适配用户个性化需求，释放手机本身硬件资源，随需加载海量云上应用的手机形态。由于云手机基于 5G 网络，可以将复杂的计算和大容量数据保存在云端上。用户透过视频流的方式远程实时控制云手机，最终实现安卓原生应用及手游的云端运行，可用在如云手游、移动办公等场景。

实现实时互动在该场景中的技术难点如下。

1）需要稳定、流畅、低延时的实时音视频传输。

2）需要指令传输和控制。

2. 采访背包

场景介绍：采访背包用于记者户外的新闻采编场景，只需要搭配一台外接摄像机，就可完成新闻直播的采集、处理、传输等整套流程。

实现实时互动在该场景中的技术难点如下。

1）对低延时、高清音/画质要求高。

2）需要保障网络稳定性。

3. 移动执法仪

场景介绍：移动执法仪为新型执法方式，集摄像、照相、对讲、视频传输功能于一身，执法人员可以进行 GPS 定位、查询被监督单位信息、现场打印罚单、打印执法文书等操作，协助执法人员进行动、静态的现场情况记录。

实现实时互动在该场景中的技术难点如下。

对音视频传输质量及延时有高要求。

4.3 实时互动在教育行业的应用

随着互联网和科技的快速发展，传统的课堂教育逐渐与在线教育相结合，而在线教育与实时互动技术的结合可以提供更加丰富和高效的学习和教学体验。从 1v1、1 对多、小班课、大班课、双师课堂等班型延伸到在线美术课、在线音乐课、AI 互动课、在线考试和测评等多元化的线上学习课堂。

在线教育与实时互动技术的结合可以克服时间和空间的限制，提供更加灵活和便捷的学习和教学方式。它不仅可以为学生提供个性化的学习体验，还能为教师提供更多的教学工具和资源，提高教学质量。可以说，保证实时互动体验，是在线教育发展根本。

4.3.1 通用教育：超级小班课、互动大班课等场景解析

1. 1v1 教学

场景介绍：1v1 教学即一名老师对一位学生进行专属辅导，通常配有监课端和录制端。在一对一的情况下，老师能专注于学员的状态、进度与学习情况，在授课的时候更投入、沟通更有节奏感、效率更高，常用于 K12（基础教育）辅导、少儿英语培训、音乐陪练、美术教学等。

实现实时互动在该场景中的技术难点如下。

1）对跨国和国内中小城市等网络环境接入要求较高。

2）需要稳定、流畅的音视频传输。

3）跨机型接入难。

4）上课期间的音视频稳定性要求更高，需要实时监测。

5）电子互动白板需要支持各类格式文件，如动态课件、H5 课件。

6）云录制需要高可用。

2. 1 对多小班课

场景介绍：1 对多小班课即一名老师对多位学生进行辅导，小班课的学生人数控制在 5~8 人，最多不超过 10 人，所有学生与老师之间实时互动，常用于 K12 辅导、语培类、素质教育、少儿编程等教学场景。

实现实时互动在该场景中的技术难点如下。

1）场景内需要老师优先、音频优先。

2）学生端有多种不同类型设备接入，需要机型性能优化。

3）需要 AI 降噪功能来消除环境噪声。

4）云录制需要高可用。

5）跨地区、跨国之间连通性、低延时保障难。

6）需要支持大小流（上行同时传输两条不同分辨率的流，媒体服务器可以根据下行实际的带宽情况转发相应质量的流。如果带宽足够转发高质量的大流，带宽不足则转发低质量的小流）、支持选择流畅优先或清晰度优先。

3. 互动大班课

场景介绍：互动大班课即一名老师对多达万名学生进行直播教学，学生可以实时申请上台与老师进行音视频互动，有在线答题、抢红包、积分等课堂激

励的互动玩法。相比线上小班课程来说，互动大班课的性价比更高、价格更便宜，而且依托优秀的线上教育平台，拥有好的教学服务功能，大班课也可以像小班课那样具有高互动性，学习效果一点也不差。常用于 K12 大班课、职业教育、空中课堂、公开课等教学场景。

实现实时互动在该场景中的技术难点如下。

1）该场景教学的人数较多，对延时、卡顿率、高并发有很高的要求。

2）需要能支持学生无缝上麦互动。

3）需要支持 CDN 和 RTC 互动无缝热切换。

4）需要支持 H5 小程序端。

5）云录制需要高可用。

4. 超级小班课

场景介绍：超级小班课为大型公开课和小班互动课的结合模式。一个老师可以面向多达万名学生进行授课，学生则分成若干个小班，不仅能参与老师的教学互动，还能与小班同学进行分组互动、PK 学习，兼顾了直播大班课的教学成本优势和小班课的互动教学效果。常用于公开课引流、分组讨论、线上双师等教学场景。

实现实时互动在该场景中的技术难点如下。

1）技术上需要支持高并发、多频道、超低延时。

2）教学场景需要满足学生答题、组内 PK、跨组 PK 等多种互动玩法。

5. 双师课堂

场景介绍：双师课堂采取主讲老师与辅导老师相互配合的形式，是线上与线下相互结合的教学模式，采用专有硬件设备，主讲老师通过视频直播授课，辅导老师负责在现场监督落实。双师课堂充分结合了线上与线下的教学优势，集中优秀师资力量，最大程度还原了线下教学场景，解决了部分地区师资不足、优质教育资源匮乏的核心问题，促进教育资源均衡。常用于教培线下双师、专递课堂、同步课堂等教学场景。

实现实时互动在该场景中的技术难点如下。

1）需要支持高清视频体验、硬件音频处理器完美适配。

2）在偏远地区需要具备较强的抗弱网能力。

6. AI 互动课

场景介绍：AI 互动课为通过云端 AI 智能教师进行线上教学的场景，需要根据学生的学习情况提供个性化的教学方案。相比真人直播课，AI 互动课动画化、游戏化的特性提升了课堂的趣味性，即便线上教学，也能很好地吸引用户的注意力，提升其学习过程中的参与感。常用于语培、素质教育等教学场景。

实现实时互动在该场景中的技术难点如下。

1）不同视频片段无缝切换要求较高。

2）教学过程还需要口语测评、情绪识别等教学 AI 增强技术支持。

3）Linux Server SDK 的性能要求高。

4）媒体附属传输通道，数据与视频严格同步。

7. 在线自习室

场景介绍：2020 年开始，一些学生在视频网站上直播自习，引起众人围观，带有视频连线自习功能的产品受到广泛关注，部分产品在抖音、微博、哔哩哔哩等平台推广，将线上自习室的概念推向高潮。具体为学生通过连麦直播共同学习，学生间互相陪伴、互相监督，老师可以实时为学生进行课后答疑，增强师生情感连接。

应用场景：教学平台课后自习室、学习社交、学习直播。

实现实时互动在该场景中的技术难点如下。

1）需要支持实时连麦、高并发、低延时直播和旁路推流。

2）支持同一频道 1000 人实时互动。

3）支持低端机适配和性能优化，满足部分下沉市场用户需求。

8. 云监考

场景介绍：当前在线教育经历提速发展的背后也存在一些缺陷，例如，当学生在 LMS（学习管理系统）进行考试的时候，会存在上网搜索答案的作弊行为，这在很大程度上无法保证考试的公平性。

结合真人考官和 AI 技术，对学生线上考试进行监督，使学生能够不受地域限制，远程参与线上考试，做到在保障考试公平的前提下，最大限度地给予考生空间自由。应用场景：外语测评、等级考试、职业考证、招聘笔试、升学考试。

实现实时互动在该场景中的技术难点如下。

1）需要支持千万级高并发、低延迟。

2）适配考生端多路摄像，将多路画面合流推送到监控端。

3）AI 能力的支持，如人脸识别验证考生身份。

4）高可用的云端录制方案，用于视频备份和分析取证。

9. XR（VR/AR/MR）教学

场景介绍：学生以单人或多人的形式处于统一虚拟空间，通过实时音视频与 XR（VR/AR/MR）内容进行互动，将整个现实教育环境通过 XR 孪生成虚拟课堂形式，所有老师、学生通过 XR 设备进入虚拟课堂中创造各种环境、物体等，进行教学、实训、科研、讨论等活动，是下一代的智慧课堂产品形态。

实现实时互动在该场景中的技术难点如下。

1）对低延时、流畅性具有较高要求。

2）针对不同设备做性能优化。

3）有用户动作追踪、进行画面拼接、模拟真实尺寸的三维图像等要求。

4.3.2 素质教育：在线编程、乐器陪练等场景解析

1. 留学生学业辅导

场景介绍：根据学生的个性化需求，量身定制全方位多维度的学习方案，从学术规划、课业辅导、考前冲刺、课后答疑等多方面协助学生，使其轻松、高效地适应并完成海外课程。线上主流场景是以 1v1 方式，对学生进行小班课辅导。

实现实时互动在该场景中的技术难点如下。

1）对跨国网络环境接入要求较高。

2）需要稳定、流畅的音视频传输，并需要做到质量的实时监测。

3）需针对不同设备做性能优化。

4）电子互动白板需要各类格式文件，如动态课件、H5 课件。

5）云录制需要高可用。

2. 游学咨询

场景介绍：给留学人员提供出国留学解决方案，包括背景综合定位、优劣势分析、专业和未来职业选择方向确定、出国考试规划、文书创作和面试辅导、签证培训、海内外生存指南等一系列个性化的成才规划方案，主流为小班课场景。

实现实时互动在该场景中的技术难点如下。

1）需要保障跨地区、跨国之间连通性、低延时。

2）确保老师音视频流优先。

3）学生端有多种不同类型设备接入，需要机型性能优化。

4）AI 降噪功能来消除环境噪声。

5）云录制需要高可用。

6）需要支持大小流、支持选择流畅优先或清晰度优先。

3. 海外预科

场景介绍：海外预科的学生通常为高中至大学年龄段，是出学生国留学前的预备教育，为出国留学打下基础，更好地解决因语言文化差异、思维变迁等问题，在线直播授课，小班课形式。

实现实时互动在该场景中的技术难点如下。

1）对跨国网络传输的稳定性要求较高。

2）对延时、卡顿率、高并发有很高的要求。

3）确保老师音视频流优先。

4）需要能支持学生无缝上麦互动。

5）需要支持 CDN 和 RTC 互动无缝热切换。

6）云录制需要高可用。

7）电子互动白板需要各类格式文件，如动态课件、H5 课件。

4. 思维启蒙

场景介绍：思维启蒙针对 3~6 岁小孩，通过线上强互动和游戏化教学方式，启蒙孩子在解决问题过程中需要的思考方法。具体来说，就是分类、对比、总结、归纳、演绎等通用的思维方法。通常通过 AI 互动教学、个性化课件、智能互动技术来培养孩子的学习思维。

实现实时互动在该场景中的技术难点如下。

1）对网络传输的稳定性要求较高。

2）需要游戏引擎框架的适配，以及 H5 课件的适配。

3）AI 算法的支持。

5. 乐器陪练

场景介绍：高度还原线下乐器教学场景，实现线上乐器陪练教学，主要以 1 对 1 的方式来进行线上音乐陪练，如钢琴陪练、MIDI 合奏等。

乐器陪练场景的示例如图 4-14 所示。

图 4-14　乐器陪练场景示例图

实现实时互动在该场景中的技术难点如下。

1）对音视频传输的质量、音质效果要求较高。

2）陪练、合奏场景对延迟要求极高。

3）需保障摄像头同时能拍到人脸、琴键等。

4）需要鱼眼镜头进行画面分割和畸变校正。

5）需要教学白板和曲谱标注。

6. 在线美术课

场景介绍：由专业美术老师在线上对学生进行美术教学、绘画练习等，教学场景上可分美术启蒙课、美术大班课、美术专业课。

在线美术课场景的示例如图 4-15 所示。

图 4-15　在线美术课场景示例图

实现实时互动在该场景中的技术难点如下。

1）美术教学对画面的色彩还原、饱和度有更高的要求。

2）教学过程，拍摄画面容易倾斜造成作品变形，需要梯形矫正能力。

3）图画拍摄环境过暗或过亮都会导致图像失真，需要支持明暗矫正。

4）对延时和卡顿率要求高，大班课需要支持高并发的要求。

7. 在线声乐课

场景介绍：由专业音乐老师对学生进行线上音乐教学、合唱等，提供线上乐理教学与音乐鉴赏指导，学生可以实时申请上台与老师进行音视频交流。

实现实时互动在该场景中的技术难点如下。

1）对音质、音准等均提出较高要求，需要丰富的美声音效。

2）对多人合唱的实时性要求极高。

3）要极大程度降低噪声和回声的干扰。

8. 在线编程课

场景介绍：通过线上互动软件对学生进行编程教学，老师可以远程控制学生端修改代码，修改过程对课堂中的学生均可见。

实现实时互动在该场景中的技术难点如下。

1）老师需要共享自己的界面和远程控制指导学生编写代码，对延迟、性能、清晰度等要求较高。

2）需要支持师生协同编程，提升课堂练习效果。

9. 在线书法课

场景介绍：由专业书法老师对学生进行线上书法教学，通过书法教育对中小学生进行书写基本技能和书法欣赏水平的培养，既能传承中华民族优秀文化，也能帮助学生提高汉字书写能力、培养审美情趣、提高文化修养。

实现实时互动在该场景中的技术难点如下。

1）需要多摄像头拍摄老师和书写位置，并进行展示。

2）视频画面需要高质、清晰地还原图像细节。

3）需要高质量、稳定、流畅的音视频传输。

10. 在线科学实验课

场景介绍：线上多人实时互动视频教室，学生在教师指导下学习使用特定的仪器、设备、材料和就某些特定问题进行观察、测量、数据处理与分析，并得出或验证某些科学结论的课程，线上场景能提供体系化在线 STEM 课程学习，提供协作和讨论。

实现实时互动在该场景中的技术难点如下。

1）对延时和卡顿率要求高，对画质要求较高。

2）需要支持师生在线快捷进行实验并记录。

11. 在线体育教学

场景介绍：专业健身教练通过小班、1 对 1、大班课等形式进行在线健身教学，辅导学生健身动作。

在线体育教学场景的示例如图 4-16 所示。

图 4-16 在线体育教学场景示例图

实现实时互动在该场景中的技术难点如下。

1）大班课需要支持高并发能力。

2）对 BGM 的音质效果有较高要求。

3）需要对用户视频进行处理。

4）部分对人体关键节点识别能力和鱼眼镜头矫正有要求。

5）高频动作和互动场景对延迟、清晰度有较高要求。

12. 在线棋类教学

场景介绍：将围棋与艺术、军事、数理逻辑、哲学、竞技体育相结合，延续线下教学内容，整合直播加对弈平台辅导，以及课后作业及对局指导。

实现实时互动在该场景中的技术难点如下。

老师与学生的互动对延时和卡顿率要求高，对视频画质要求较高。

13. 财商教育

场景介绍：通过直播形式对用户进行线上财商课程教学，普及理财投资基础知识，帮助用户建立对待财富的正确态度，了解财富的运动规律，多数以大班课形式为主。

实现实时互动在该场景中的技术难点如下。

需要高质量、稳定、流畅的音视频传输。

4.3.3 教育信息化：三个课堂等场景解析

1. 专递课堂

场景介绍：专递课堂强调专门性，主要针对部分教育资源薄弱地区无法完整开设国家规定课程的问题，采用在网上专门开课或同步上课、利用互联网按照教学进度推送优质教育资源等形式，帮助其开齐、开足、开好国家规定的课程，以促进教育公平和均衡发展。

实现实时互动在该场景中的技术难点如下。

1）大网服务节点需要覆盖各大城市的偏远地区。

2）需要具备较强的抗弱网能力。

3）需要教室硬件适配能力。

4）有多视频源接入、全高清的要求。

2. 名师课堂

场景介绍：名师课堂强调共享性，主要针对教师教学能力不强、专业发展水平不高等问题，通过组建网络研修共同体等方式，发挥名师名课示范效应，探索网络环境下教研活动的新形态，以优秀教师带动普通教师的方式，使名师资源得到更大范围共享，促进教师专业发展。

实现实时互动在该场景中的技术难点如下。

1）线上线下实时互动需要保障超低延时。

2）名师课堂在教育专网部署，需要提供私有化部署方式。

3. 电子书包

场景介绍：电子书包是一个以学生为主体、个人电子终端和网络学习资源为载体的移动终端，贯穿于预习、上课、作业、辅导、评测等学习各个环节，覆盖课前、课中、课后学习环境的数字化学与教的系统平台。

实现实时互动在该场景中的技术难点如下。

1）上课过程中需要低延时、高质量的音视频传输。

2）多终端、多平台的适配能力。

4. 线上托管

场景介绍：线上托管主要面向低龄儿童，如幼儿园、小学生等，满足其学校课程结束之后需求，提供在线陪伴孩子写作业、远程作业辅导、分析错题错因等服务，通过老师的监管及师生间的互动帮助学生养成良好的学习习惯、提高课后学习效率。

实现实时互动在该场景中的技术难点如下。

1）老师与学生的互动需要保障低延时、流畅的音视频传输。

2）需要支持低端机适配，并具备较强的抗弱网能力。

5. 名校网络课堂

场景介绍：名校网络课堂强调开放性，主要针对部分区域、城乡、校际之间教育质量缩小差距的迫切需求，以优质学校为主体，通过网络学校、网络课程等形式，系统性、全方位地推动优质教育资源在区域内以及全国范围内共享，满足学生对个性化发展和高质量教育的需求。

实现实时互动在该场景中的技术难点如下。

1）该场景教学的人数较多，对延时、卡顿率、高并发有很高的要求。

2）需要能支持学生无缝上麦互动。

3）需要支持 CDN 和 RTC 互动无缝热切换。

4）H5 小程序端支持。

5）云录制需要高可用。

6. 电子班牌

场景介绍：电子班牌是一种终端显示设备，悬挂于教室门口。多用来显示班级活动、班级信息以及学校的通知信息，主要表现为文字、图片、多媒体内容、Flash 动画等，也可用于家校通话，为学生和老师提供现代化的师生交流及校园管理平台。

实现实时互动在该场景中的技术难点如下。

1）老师、学生和家长的互动需要保障低延时、低卡顿以及高流畅。

2）具备多终端、多平台的适配能力。

7. 远程教研

场景介绍：远程教研面向"互联网+"的教师专业能力提升，助力教师专业发展，推动跨校、跨区县的教师学习培训和专业研修。通过超低延时互动能力，实现教师通过网络平台进行教学研究的场景。

实现实时互动在该场景中的技术难点如下。

1）支持低延迟、无卡顿、高流畅的互动。

2）兼容各类个人设备互联互通。

8. 空中课堂

场景介绍：通过互联网实现不同教室之间，教师与学生间的教学互动。学生与教室可以在空中课堂实现点播课程学习、直播课程学习、答题提问等教学场景。

实现实时互动在该场景中的技术难点如下。

1）支持低延迟、无卡顿、高流畅的实时互动教学。

2）支持低延时直播、CDN 直播，适应名校网络课堂及大型公开课超高并发接入。

3）不依赖 MCU 调度，支持教师与个人设备互通。

4.3.4　职业教育：职教大班课、面试辅导课等场景解析

1. 职教大班课

场景介绍：职业教育赛道中的大班课场景，老师可为多达万名学生进行直播教学，学生实时申请与老师进行音视频互动。常见于职教机构开展的名师公开课、活动直播等场景。

实现实时互动在该场景中的技术难点如下。

1）学生端覆盖面广，对设备的兼容性要求高。

2）最高同时有万人在线，对高并发要求高。

3）学生端常通过手机 H5（一种动态网页技术）听课，对 H5 和小程序的兼容性要求高。

4）需支持 CDN 与 RTC 的无缝热切换。

5）万人同步进行文字聊天交流，对信令的可靠性要求高。

6）为保障万人课堂秩序，常常需要有丰富的角色权限管理，聊天内容鉴定等服务。

2. 资质考证

场景介绍：通过在线的方式进行考公、考证、各类职业资格考试培训。老师可为多达万名学生进行直播教学，学生实时申请与老师进行音视频互动。

实现实时互动在该场景中的技术难点如下。

1）学生端覆盖面广，对设备的兼容性要求高。

2）最高同时有万人在线，对高并发要求高。

3）学生端常通过手机 H5 听课，对 H5 和小程序兼容性要求高。

4）需支持 CDN 与 RTC 的无缝热切换。

5）万人同步进行文字聊天交流，对信令的可靠性要求高。

6）为保障万人课堂秩序，常常需要有丰富的角色权限管理，聊天内容鉴定等服务。

7）保障不同端、不同网络环境下学生一致的听课体验。

8）课堂上需要各种类型组件提升营销转化，提升互动体验。

3. 职业技能培训

场景介绍：通过在线方式做职业技能训练，比如 CG 设计、视频剪辑、工程制图等，需要用到远程控制、桌面分享或云主机等能力。

实现实时互动在该场景中的技术难点如下。

1）需要低延时、流畅的音视频传输。

2）不同培训场景需要不同的互动技术支撑，如工程制图，需要桌面分享、远程控制等功能。

3）在授课场景中需要对不同互动技术进行自由平滑的切换，如老师由白板授课转为桌面分享，随时远程控制学生桌面等。

4. 面试辅导课

场景介绍：公务员、事业单位招聘等专项面试经验指导，帮助学生梳理知识结构、梳清考试脉络、深谙命题规律、掌握知识要点。

实现实时互动在该场景中的技术难点如下。

1）需要高质量、稳定、流畅的音视频传输。

2）需要超低延迟的互动音视频服务。

3）需要支持多人多角色自由连麦、上下台。

5. 企业培训

场景介绍：通过在线音视频交互，实现高效的线上培训，企业内部员工培训，对内协作沟通等，包含产品培训、技术培训、员工培训等多个使用场景。

实现实时互动在该场景中的技术难点如下。

1）远程培训的场景需要支持高并发，并保障直播过程的低延时、低卡顿，以提升培训效率。

2）在部署方面，需要同时能够支持部分企业所需的混合云或者私有化业务模型。

6. 软技能培训

场景介绍：以在线方式培训软技能，比如国学书法、家庭教育、医疗健康等。老师可为多达万名学生进行直播教学，学生实时申请与老师进行音视频互动。

实现实时互动在该场景中的技术难点如下。

1）学生端覆盖面广，对设备的兼容性要求高。

2）最高同时有万人在线，对高并发要求高。

3）对 H5 和小程序的兼容性要求高。

4）需支持 CDN 与 RTC 的无缝热切换。

5）万人同步进行文字聊天交流，对信令的可靠性要求高。

6）为保障万人课堂秩序，常常需要有丰富的角色权限管理、聊天内容鉴定等服务。

7）保障不同端、不同网络环境下学生一致的听课体验。

8）课堂上需要各种类型组件提升营销转化，提升互动体验。

4.3.5 教育硬件：智能家教台灯

1. 智能家教台灯

场景介绍：智能家教台灯作为一种陪伴性的学习工具，在智能护眼灯的基础之上，提供了课后辅导功能，迎合了家长没时间或没能力辅导孩子学习的痛点。同时提供陪伴沟通以及学习管理的多样功能，拥有专业护眼、远程布置与检查作业、智能作业助手等功能，通过双摄视频通话实现远程作业辅导。

智能家教台灯场景的示例如图 4-17 所示。

图 4-17 智能家教台灯场景示例图

实现实时互动在该场景中的技术难点如下。

1）需要高质量、稳定、流畅的音视频传输，以及外借双摄支持。

2）需支持多种操作系统的适配。

2. 智能学习机

场景介绍：智能学习机通过教育智能硬件（学习机、智能教育台灯）实现直播课、家长督学、在线自习室，家校沟通等场景。

实现实时互动在该场景中的技术难点如下。

1）需要高质量、稳定、流畅的音视频传输，以及外接双摄支持。

2）需支持多种操作系统的适配。

4.4 实时互动在金融行业的应用

在金融行业的早期阶段，实时音视频技术主要应用于远程会议、客户咨询和培训等方面。金融机构可以通过实时音视频技术将地理距离拉近，提供远程服务，节省时间和成本。

随着金融交易的数字化和在线化趋势，实时音视频技术开始在金融交易中得到应用。投资者可以使用实时音视频技术与经纪人或交易平台进行实时交流，以获取更准确的市场信息和交易建议。

同时，实时音视频技术也成为金融机构提供客户服务和支持的重要工具。通过实时音视频技术，客户可以随时随地与金融机构的客服人员进行沟通，解决问题和获取支持服务，不仅提高了客户满意度，并帮助机构增加客户忠诚度和业务量。

随着人工智能和大数据的发展，实时音视频技术在金融行业中的应用越来越广泛。金融机构可以通过实时音视频技术和 AI 技术实现语音识别、情感分析和自动化客服等功能，提高服务效率和个性化水平。针对监管部门的双录业务要求，金融机构还需要提供不同模式的智能录音录像服务。支持录制文件存储在内网，符合监管要求。

随着技术的进步和应用场景的不断扩大，未来实时音视频技术在金融行业中的应用将进一步深入和创新。

4.4.1 银行：视频银行、虚拟营业厅等场景解析

1. 视频银行客服

场景介绍：视频银行客服是在传统电话语音客服的基础上演进的一种新产品形态，最早在国内科技型股份制银行创新试点（比如招商银行、四川天府银行等），最大化发挥移动用户接入的便利性，实现用户与客服之间一对一或一对多音视频互动，通过线上互动开展理财金融业务，整个过程要求同步音视频录制。该场景同步对数据安全和网络部署安全有很高要求。

视频银行客服场景的示例如图 4-18 所示。

图 4-18　视频银行客服场景示例图

实现实时互动在该场景中的技术难点如下。

1）视频客服需要支持 1080P+60FPS 超清视频，音视频需同步录制存证。

2）需要支持混合云部署方式，金融数据传输经过多重鉴权控制、传输加密、异地容灾等安全机制，提供实时运维监控服务。

2. 理财面签双录

场景介绍：理财面签双录场景源自于银行及金融机构在财富管理、个人理财方面的业务需求，相对于传统银行网点线下的金融产品营销模式，理财面签双录产品最大化发挥互联网线上的便捷性，以及 7×24 的业务可用性，能将线下理财业务的营销、客户身份认证、业务办理等作业流程通过线上无接触形式办理，实现金融机构的监管合规。现在该产品形态已经成为大量金融机构在拓展业务的重要技术手段，广泛应用于面签、定损等金融业务办理场景，进行实时录音录像。

实现实时互动在该场景中的技术难点如下。

1）为满足多元化的金融业务需求，RTE 厂商需要提供集实时音视频、文档共享、文件标注、录制存证、AI 增强等功能的一站式金融双录解决方案。

2）音视频数据的传输也要保证安全可靠。

3. 金融呼叫中心

场景介绍：金融呼叫中心是针对传统电话语音客服系统上的互联网化升级改造，针对传统电话语音呼叫中心的业务单一性和用户线路接入的通道入口限制这一系列痛点，通过结合互联网双向互动能力以及 RTC 视频互动技术，能实现更丰富智能的业务支持，更灵活多样的用户接入。在新业务模式下，移动用户在全球任何一个角落都可以通过 APP、小程序、浏览器与金融客服经理实现一对一的金融咨询服务。

实现实时互动在该场景中的技术难点如下。

1）实时音视频需要与传统的电话呼叫中心融合，保障双端的通话过程都稳定、流畅、低延时。

2）需要支持私有化部署，满足特定金融客户需求，数据安全可控。

4. 虚拟营业厅

场景介绍：虚拟营业厅通过场景化的虚拟重构，实现在线上复刻线下展厅、营业厅业务场景，通过虚拟空间、元宇宙、空间音频以及底层实时互动技术，实现金融机构、银行业务的线上业务办理、业务咨询等业务。在该技术场景中，除了元宇宙虚拟场景的构建,RTE 的实时互动能力对构建客户与客服间"面对面"提供了重要的技术支撑。

虚拟营业厅场景的示例如图 4-19 所示。

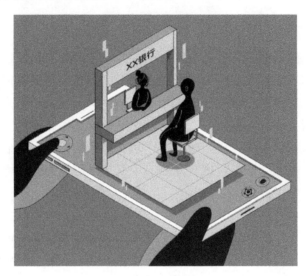

图 4-19　虚拟营业厅场景示例图

实现实时互动在该场景中的技术难点如下。

1)该场景如果使用到虚拟数字人,需要保证虚拟数字人说话时的音唇同步。

2)虚拟营业厅为了增加沉浸感,可以结合 3D 空间音频,根据虚拟数字人物的面部朝向、音源朝向、远近距离与上下高度,实时呈现不同声音效果。

5. 银行理财直播路演

场景介绍:银行理财直播路演场景是将互联网直播应用到金融机构,银行理财产品业务的一种创新尝试,现在在各大互联网金融平台、银行、金融机构中逐渐得到认可,在金融机构流量获客、用户营销、私域流量用户运营方面提供了很大的业务价值。

实现实时互动在该场景中的技术难点如下。

1)在直播路演的场景需要提供强大的音视频分发能力。

2)灵活支持精细化运营和可视化数据管理,帮助企业实现"直播+营销"闭环。

6. VTM 机

场景介绍：远程视频柜员机（Video Teller Machine，VTM）是作为传统银行 ATM 的产品升级，在银行及金融机构大堂，VTM 实现了客户接待、业务办理、业务咨询等业务功能。

VTM 机场景的示例如图 4-20 所示。

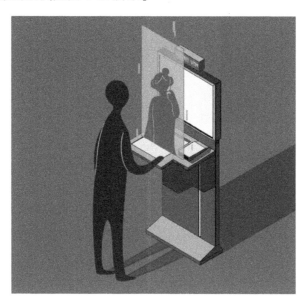

图 4-20　VTM 机场景示例图

实现实时互动在该场景中的技术难点如下。

1）音视频 SDK 不仅要与柜员机完美适配，还要在低功耗的情况下实现低延时、高清晰的音视频通话。

2）保障实时音视频过程中金融数据传输的安全可靠。

4.4.2　保险：视频车险理赔、远程保险客服等场景解析

1. 视频车险理赔

场景介绍：出险申请人通过一对一视频连线客服、远程定损、完成理赔，整个过程同步录制，业务过程可控且可回溯质检。

视频车险理赔场景的示例如图 4-21 所示。

图 4-21　视频车险理赔场景示例图

实现实时互动在该场景中的技术难点如下。

远程定损中要保障出险人与客服视频通话的低延时、高流畅，同时还需要支持 1080P+60FPS 超清视频，以实现更清晰、精准的车险定损。

2. 远程寿险营销

场景介绍：远程寿险营销针对寿险客户营销需求中的客户触达难的痛点，通过远程视频互动、远程保险合同展示等灵活业务手段，大大提高了保险客户触达的便捷度。在该场景中，通过实时音视频、白板等技术手段能还原线下用户体验。

实现实时互动在该场景中的技术难点如下。

需要保障销售经理与客户的视频通话的稳定、流畅与低延时，高质量的视频通话过程有助于提升签单率。

3. 远程保险客服

场景介绍：远程保险客服是针对保险场景下售中和售后阶段客户沟通互动需求，在互联网保险领域已经得到成熟应用。在保险销售的售中和售后环节，保险客服工作人员和客户能通过线上视频方式便利的实现业务咨询、办理的全流程，而且通过录制、白板以及即时消息的手段能实现业务办理流程可回溯，同时辅助 AI 的技术手段，满足行业监管需求。

实现实时互动在该场景中的技术难点如下。

客户与客服的音视频通话需要保障低延时、高音质与高清晰度，以提升远程客服的效率以及后期的快速回溯。

4. 保险直播

场景介绍：保险直播在业务形态上类似银行理财直播路演，是保险产品业务形式的一种创新尝试，对保险领域流量获客、用户营销、私域流量用户运营方面提供了很大的业务价值。在产品技术形态上，同样是以互联网直播的产品形态结合保险产品的推广属性，对直播稳定性、即时连麦互动、VIP 客户 1v1 服务都有较高技术要求。

实现实时互动在该场景中的技术难点如下。

保险直播过程中首先要保障直播的稳定性，还要保障连麦过程的低延时、低卡顿，以提升直播 GMV。

4.4.3 券商：远程开户、证券视频课堂等场景解析

1. 远程开户

场景介绍：通过移动终端或 PC 端，实现远程开户，不用排队，对安全合规和数据落地监管方面有要求。

实现实时互动在该场景中的技术难点如下。

1）远程视频开户要做到低延时、低卡顿、高清晰的流畅互动体验。

2）对数据的传播与存储有着严格的安全要求。

2. 券商直播路演

场景介绍：券商直播路演在业务形态上类似银行理财直播路演，叠加了更多券商业务属性，比如荐股轮股、券商产品路演签约等。同样是以互联网直播的产品形态结合保险产品的推广属性，对直播稳定性、连麦互动、VIP 客户 1v1 服务都有较高技术要求。

实现实时互动在该场景中的技术难点如下。

1）直播路演的场景需要提供强大的音视频分发能力，并保障直播的稳定性。

2）保障连麦过程的低延时、低卡顿，以提升路演的营销效率。

3. 证券视频课堂

场景介绍：证券视频课堂是针对证券理财、股票投资、基金理财等业务，基于互联网分发和互动能力实现的用户培训、知识宣讲、交流互动平台。该业务类型在互联网金融公司、大型券商平台有较多的应用。该产品方案对音视频分发能力，实时互动体验有较高要求。

实现实时互动在该场景中的技术难点如下。

需要支撑视频课堂的直播稳定、流畅，同时保障连麦互动的低延时、高音质。

4.4.4 互联网金融：远程金融贷款

1. 远程金融贷款

场景介绍：远程金融贷款包含了汽车金融贷款与小额消费贷款等细分业务场景，这些场景具备很大的用户群体，涉及的金额较大而且贷款持续时间较长。基于上述特点，该场景对审核人的信贷资质、身份确认、个人信贷类型、风险提示都有较高要求。对远程音视频用户核验，交易过程录音录像存证以及产品整体安全合规都有较高要求。

实现实时互动在该场景中的技术难点如下。

保障视频连线的低延时、低卡顿与高清晰，还要做到金融数据传播的安全合规性。

2. 金融直播

场景介绍：近年来，随着互联网技术在金融业务领域的持续渗透，给人们生活方式与观念带来了很多变化，在这样的背景下，如何适应互联网行业变革，实现快速精准的用户推广、私域流量营销、不见面业务办理成为金融机构的行业痛点。对此，很多金融机构利用实时音视频、直播等技术，打造了线上金融直播的营销新模式，将传统的线下金融营销获客搬到了线上，不仅实现对投资者的金融教育，同时又能精准的营销获客。

实现实时互动在该场景中的技术难点如下。

1）直播的场景需要提供强大的音视频分发能力，并保障直播的稳定性。

2）需要全面符合金融行业部署要求，支持混合云、私有化、公有云部署模式，支持本地录制。

4.5　实时互动在医疗行业的应用

实时音视频技术在医疗行业中的应用，有效推动了医疗资源的均衡化发展，有效缓解了城乡地区医疗资源不均的现状，同时借助一系列硬件设备，也对医生提升医疗水平带来很大的帮助。实时音视频目前在医疗行业的应用场景主要分为以下几个类型。

- 远程问诊：医生可以通过实时音视频通话与患者进行远程诊断和咨询。这在部分偏远地区和紧急情况下特别有用，可以节省时间和资源，同时提供及时的医疗帮助。
- 视频急救：视频急救可以为患者争取宝贵的黄金抢救时间，通过在平台实现双向实时视频通话，可将有效的急救指导提前到从拨打 120 报警开始，通过视频快速判断病情，并通过"面对面"的指导现场人员进行自救互救。
- 远程手术指导：医生可以通过实时音视频技术远程指导手术，这在特殊的情况下（如复杂手术或专业知识有限的地区）可以提供更好的医疗服务。
- 在线培训和教育：医学专家可以通过实时音视频技术提供在线培训和教育，使医生和医学生能够接受最新的医学知识和技术，提高医生的技能水平。
- 医疗会议和讨论：实时音视频技术可以用于医疗会议和讨论，医生和专家可以通过视频会议进行跨地区的合作和知识共享。
- 远程监护和健康管理：通过实时音视频技术，医生可以远程监护和管理患者的健康状况，如长期疾病患者的定期随访和监测。

4.5.1　医疗诊治：远程问诊、视频急救等场景解析

1. 远程问诊/会诊

场景介绍：病人与医生，或者医生之间进行视频连线、线上问诊等，可视频共享病例、医学影像，大大降低看病成本，提高医生对患者的远程诊断效率，对视频传输清晰度要求较高，有白板协同需求。

实现实时互动在该场景中的技术难点如下。

1）实现 IM、RTC 等多种能力的融合，在医院场景中需要能够支持私有化

能力。

2）在问诊、会诊过程中实现高清视频与图像等数据的高质量、高安全性传输。

2. 视频急救

场景介绍：医生可通过视频对话，指导现场人员对患者进行救助或互救，对视频接通率要求高。

视频急救场景的示例如图 4-22 所示。

图 4-22　视频急救场景示例图

实现实时互动在该场景中的技术难点如下。

1）能够满足紧急情况下多端的呼叫及接听，确保高接通率，现场视频能够高清回传。

2）能够适配救护车配备的硬件设备方案。

3. 电子处方

场景介绍：线上视频 1v1 沟通诊疗后，做线上指导，确认电子处方；兼顾云录制，屏幕共享、电子白板需求。

实现实时互动在该场景中的技术难点如下。

1）保障音视频通话的低延时、高流畅。

2）视频能力可以灵活融合至电子处方应用系统中，实现医生、患者的音视频通话，并保障通话数据安全性。

4. 互联网医院

场景介绍：提供在线或院内的互联网医院解决方案，实现医生实时与病人进行远程沟通；在院内场景可实现远程监控、监护查房等场景；对视频传输清晰度要求较高，有白板协同需求。

实现实时互动在该场景中的技术难点如下。

1）现 IM、RTC 等多种能力的融合，在医院场景中需要能够支持私有化能力。

2）问诊、会诊过程中实现高清视频与图像等数据的高质量、高安全性传输。

5. 专用医疗硬件

场景介绍：针对医疗专用终端实现高清视频传输，帮助医生远程协助诊断或教学。

实现实时互动在该场景中的技术难点如下。

1）多种操作系统适配性，并能够基于专用医疗硬件的超高清视频并发传输。

2）医院环境中能够实现私有化部署。

4.5.2 医疗直播：手术示教、远程超声等场景解析

1. 医疗直播/培训

场景介绍：医院与医院、医生之间的医疗交流，医药机构的泛医疗直播培训，连麦场景，对互动性低延时要求较高。

实现实时互动在该场景中的技术难点如下。

1）医疗直播/培训需要支持高并发，并保障直播的稳定性。

2）保障直播连麦过程的低延时、低卡顿。

2. 手术示教

场景介绍：手术示教系统结合通用摄像设备等硬件，实现观摩者在系统中远程手术观摩，观看过程中，能够对手术视频进行录像或截图，实现教学等多样性目标。

手术示教场景的示例如图 4-23 所示。

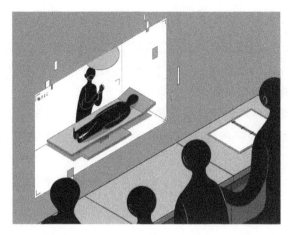

图 4-23　手术示教场景示例图

实现实时互动在该场景中的技术难点如下。

1）实现 IM、RTC 等多种能力的融合，在医院场景中需要能够支持私有化能力。

2）能够基于手术设备的超高清视频多路并发传输。

3. 远程超声

场景介绍：远程实时超声检查系统，及时提供超声检查和治疗意见，面临保障超声影像的高画质、基层医院网络环境复杂等技术难点。

远程超声场景的示例如图 4-24 所示。

图 4-24　远程超声场景示例图

实现实时互动在该场景中的技术难点如下。

1）检查过程中要保障超声影像的高清画质。

2）实现 IM、RTC 等多种能力的融合，并在问诊、会诊过程中实现超声数据的高质量、高安全性传输。

4. 医疗学术会议

场景介绍：医生进行多方病例、病理、影像在线远程沟通讨论；对接通率、音视频质量有较高要求。

实现实时互动在该场景中的技术难点如下。

1）要保障视频会议过程中的低延时、高音质、1080P 高清，同时在视频会议过程中经常会遭遇背景噪声与啸叫等情况，RTE 厂商也要做到优秀的 AI 降噪、回声消除效果。

2）支持全平台多终端适配，支持 iOS、Android、Windows、macOS、Web、小程序等灵活接入，同时支持 PSTN/SIP 用户语音接入，入会方式极其灵活。

4.5.3 医疗护理：远程心理咨询、远程看护等场景解析

1. 远程心理咨询

场景介绍：线上心理咨询，患者可通过实时音视频向心理医生倾诉，实现更快捷、低成本以及更易得的心理咨询方式，要求快速接通，数据安全保障。

实现实时互动在该场景中的技术难点如下。

1）患者与医生的沟通需要保障低延时与高音质。

2）该场景下还需保障患者信息及数据隐私安全。

2. 远程看护

场景介绍：老年看护，养老院场景，能实现医生远程随访，1v1 音视频；对互动性低延时要求较高。

实现实时互动在该场景中的技术难点如下。

音视频能力需要灵活融合至远程看护应用系统中，实现医生与被看护人员的音视频通话，并保障通话数据安全性。

3. 医疗机器人

场景介绍：通过医疗机器人，患者和医生实现视频面对面医疗健康会诊、

音视频互动。

实现实时互动在该场景中的技术难点如下。

1) RTE 接入基础的 SDK 低功耗化，保障在硬件设备环境下音视频通信效果。

2) 在多种复杂网络环境下都能够保障实时互动的效率及效果。

4.6 实时互动在企业协作领域的应用

实时音视频技术在企业协作领域可以应用在视频会议、远程培训、远程专家指导等场景。一方面促进远程办公和团队合作：实时音视频使得远程办公变得更加容易和高效。员工可以通过在线会议工具参与会议、分享屏幕、协同编辑文件等，实现远程团队的合作和沟通。另一方面，可以减少出差和差旅的需求，从而降低企业的开支。通过在线会议工具，企业可以实现团队会议而不用每个成员都亲自出席，节省了旅行时间和费用。

企业在应用实时音视频构建业务场景时也需要注意安全性和稳定性，确保数据和通信的保密性和可靠性。

4.6.1 企业办公：视频会议、远程专家协作等场景解析

1. 综合协同办公

场景介绍：很多大型企业在协同办公、视频会议等工作场景中考虑保密性、便捷性等问题，不想选择第三方的协同办公工具，而是在企业内部的 OA 等业务系统中集成视频会议功能，实现 1 对 1 或多人音视频通话，以及企业业务沟通场景的扩展，对接入灵活性要求较高。

实现实时互动在该场景中的技术难点如下。

1) 在企业应用中，能够灵活嵌入到现有业务系统中，通过最简单的操作实现应用中的音视频或实时互动能力协同。

2) 同时能够支持部分企业所需的混合云或者私有化业务模型，在保障信息安全的前提下，实现企业内部多种应用的融合和高并发实时互动。

2. 视频会议

场景介绍：通过全球的高清视频会议，轻松实现企业员工的远程协作、在家办公。在视频会议场景支持两种接入方式：一种是直接给 SaaS 类的视频会议

软件接入音视频能力；另一种是给企业提供灵活定制，在企业的业务系统中加入视频会议功能，帮助企业员工实现跨区域沟通、协同办公、企业直播等。

视频会议场景的示例如图 4-25 所示。

图 4-25　视频会议场景示例图

实现实时互动在该场景中的技术难点如下。

1）一方面要保障视频会议过程中的低延时、高音质、1080P 高清，同时在视频会议过程中经常会遭遇背景噪声与啸叫等情况，RTE 厂商也要做到优秀的 AI 降噪、回声消除效果。

2）支持全平台多终端适配，支持 iOS、Android、Windows、macOS、Web、小程序等灵活接入，同时支持 PSTN/SIP 用户语音接入，入会方式极其灵活。

3. 远程培训

场景介绍：中大型企业的员工经常分布在多个区域，对员工的业务培训就需要开设线上通道，声网通过实时互动能力的扩展，可以帮助企业实现内部的多人视频会议、大频道直播、跨频道直播远程培训，该场景对并发要求高，实时音视频稳定性要求较高。

实现实时互动在该场景中的技术难点如下。

1）远程培训的场景需要支持高并发，并保障直播过程的低延时、低卡顿，以提升培训效率。

2）在部署方面，需要同时能够支持部分企业所需的混合云或者私有化业务模型。

4. 远程招聘

场景介绍：当下在很多招聘平台以及企业的业务系统中都会加入视频面试的功能，视频面试以一对一为主，也包括多对一面试和群面等场景，对面试体验的低延时和流畅性有较高要求。

实现实时互动在该场景中的技术难点如下。

1）RTE 厂商需要提供实时音视频、文档共享、白板标注等一站式视频面试解决方案。

2）同时要保障面试过程中的低延时与高流畅，以提升面试效率。

3）Web 端、小程序端的轻量化应用的接入。

5. 远程专家指导

场景介绍：工作人员借助超清摄像头或者 AR 等设备与远程专家进行视频通话，专家以第一视角的画面快速进入，犹如亲临现场，基于实时音视频、实时标注等功能对现场进行指导，有效降低技术支持成本，提升工业、医疗等多种场景下专家指导效率。

远程专家指导场景的示例如图 4-26 所示。

图 4-26　远程专家指导场景示例图

实现实时互动在该场景中的技术难点如下。

1）该场景下需要能够支持多种系统平台，支持在偏远地区等多种恶劣环境下弱网的高质量音视频互动，并支持 1080P 动态分辨率和超分算法，实现超高清画质。

2）同时 SDK 也要满足包体小与低功耗，以适配智能眼镜等设备。

6. 远程监工/交付

场景介绍：在工业、通信及建筑等多种行业中，时常需要远程对现场进行管理管控，通过实时互动能力实现全球化统一管理，同时降低企业成本。

实现实时互动在该场景中的技术难点如下。

该场景需要支持高清的视频监控画质以及音频双向对讲，并保障视频监工过程中低延时、高流畅。

7. 专用加密会议

场景介绍：针对专用安全沟通会议业务场景，实现线路加密隔离，构建自主专用会议系统，对实时互动业务系统包括加密能力、区域隔离能力等。

实现实时互动在该场景中的技术难点如下。

RTE 厂商不仅需要支持 AES-GCM、国密等加密模型，还要能支持自定义加密等方式，同时保障在加密的同时获得更好的全球实时互动通信体验。

4.6.2 智能交互平板、AR/VR 协作硬件等场景解析

1. 智能交互平板

场景介绍：通过互动大屏、Pad 等会议室硬件实现会议系统或音视频通信系统的搭载，更集成了投影机、电子白板等功能，集中解决了会议中远程音视频沟通、各种格式会议文档高清晰显示、视频文件播放、现场音响、屏幕书写、文件标注、保存、打印和分发等系统化会议需求。

智能交互平板场景的示例如图 4-27 所示。

图 4-27 智能交互平板场景示例图

实现实时互动在该场景中的技术难点如下。

1）适配多终端或者多种操作系统，实现 3A 等算法在设备上的最佳体验，能够与现有系统无缝结合。

2）通过 RTE 实现互动的同时也能够实现与 SIP 等多种协议互通。

3）大屏需要支持 1080P+60FPS 高清画质，最高可达 4K 分辨率，同时还需支持硬件自采集和自编解。

2. 视频会议专用终端

场景介绍：通过端侧硬件的融合与接入，丰富视频会议的应用场景，提升用户体验。

实现实时互动在该场景中的技术难点如下。

1）需要适配多终端或者多种操作系统，实现 3A 等算法在设备上的最佳体验，能够与现有系统无缝结合。

2）通过 RTE 实现互动的同时也能够实现 SIP 等多种协议互通。

3. AR/VR 协作硬件

场景介绍：扩展实时互动及通信业务端侧能力，通过 XR 类设备实现终端类型扩展，基于虚拟的沉浸现实实现远程互动，与元宇宙场景结合，实现更强虚拟化交互体验。

实现实时互动在该场景中的技术难点如下。

1）该场景需要保障通过 AR/VR 硬件进行音视频协作时的稳定、流畅、低延时。

2）同时音视频 SDK 也要满足包体小与低功耗，以适配智能眼镜等设备。

4. 机顶盒

场景介绍：应用于轻量化、便捷化会议或通话场景，基于灵活的机顶盒集成 RTE 能力后，扩展大屏设备如电视机应用边界，实现多场景融合。

实现实时互动在该场景中的技术难点如下。

音视频 SDK 需要满足包体小与低功耗，并适配不同型号的机顶盒，同时也要实现 SIP 等多种协议互通。

4.7 实时互动在数字政务/智慧城市领域的应用

在政务服务在线化、智能化的趋势下，实时互动正发挥着越来越重要的作用。一方面，在政务办公方面，实时互动可以助力很多原本要线下办理的政务服务实现线上快速办理，例如一网通办、远程接访等，提升群众幸福感与满意度。另一方面，在智慧城市的建设中，实时互动也在赋能应急指挥、城市监控、工业生产、智慧文旅等场景，推动城市管理更高效、更智能。

4.7.1 数字外交：云峰会、云新闻发布会等场景解析

1. 云新闻发布会

场景介绍：政府在线召开新闻发布会，支持实时直播、记者上麦互动，通过实时互动及直播能力，提升政务会议、沟通的效率，提升政务服务满意度，降低政务沟通成本。同时，该场景涉及政府对外形象，对直播低延迟有非常高的要求。

实现实时互动在该场景中的技术难点如下。

该场景需要能够实现私有化、混合云等多种部署模型，在保障数据加密等多种安全模型下，实现低延时的直播以及高质量的音视频通话。

2. 云峰会

场景介绍：在大型视频会议技术逐渐成熟后，云峰会也代替了很多传统的线下国际峰会，各国政要以视频方式出席参加重大会议活动，即打破时空壁垒的"云会晤"，开展各种合作与交流。

实现实时互动在该场景中的技术难点如下。

1）该场景涉及全球跨区域，需要保障在云峰会对话中实现全球端到端的超低延时视频通话以及高稳定性。

2）同时峰会中的音视频数据也要安全可靠，支持多重鉴权控制、传输加密、异地容灾等安全机制。

4.7.2 政务协同办公与智慧党建

1. 远程会商

场景介绍：基于视频会议与电子政务的场景，政府部门与一线委员远程面对面协商，提高政协协商民主成效，降低政务沟通成本。

实现实时互动在该场景中的技术难点如下。

支持私有化、混合云等多种部署模型，在保障数据加密等多种安全模型下，

145

实现低延时、高流畅的通话。

2. 党建培训

场景介绍：基于党建的场景，通过多人视频会议、大频道直播、跨频道直播实现远程党建培训，对实时音视频稳定性要求较高。

实现实时互动在该场景中的技术难点如下。

支持私有化、混合云等多种部署模型，保障直播培训过程的低延时、低卡顿、高流畅。

4.7.3 政务服务：一网通办等场景解析

1. 一网通办

场景介绍：一网通办是以数字化的手段为企业群众提供全程在线的便利服务，支持高频政务服务"不见面办理"，实时音视频业务场景能够扩展远程办理范围，以及业务远程咨询或办理，对端侧使用便利性有要求，可以实现 H5 等多种平台互动能力。

实现实时互动在该场景中的技术难点如下。

1）政务服务办理过程中需要保障低延时、流畅、高清的音视频通话体验。

2）同时还需要提供文档共享、文件标注、实时消息、录制存证等一站式的功能。

2. 智能客服

场景介绍：对群众的问题实现快速线上答复，场景包含 IM 及音视频互动，同时也可以实现数字人、虚拟人像的实时互动，以及更加友好的客服服务。

实现实时互动在该场景中的技术难点如下。

1）能够实现私有化、混合云等多种部署模型，保障音视频通话过程中的稳定、流畅。

2）同时也需要能够与传统电话设备灵活对接，实现平台能力覆盖。

4.7.4 智慧政法：互联网法庭、远程探视等场景解析

1. 远程接访

场景介绍：远程接访是一种线上化、可视化的业务系统，通过实时音视频

互动，使接访工作更加高效、透明；通过实时录制等功能实现远程监督、事后追溯，降低群众上访成本。

实现实时互动在该场景中的技术难点如下。

1）能够实现私有化、混合云等多种部署模型，保障稳定、流畅的音视频通话体验。

2）同时也需要能够与传统电话设备灵活对接，实现平台能力覆盖。

2. 互联网法庭

场景介绍：从 2020 年开始，互联网法庭逐渐被更多法院所采纳，不仅避免了线下的人群接触，更解决了法院、检察院、看守所互联网无法互通、传统庭审效率不高、现场诉讼成本较高等问题，最终提升政法应用效率及服务满意度，降低政法场景沟通成本。

互联网法庭场景的示例如图 4-28 所示。

图 4-28　互联网法庭场景示例图

实现实时互动在该场景中的技术难点如下。

1）庭审过程中的视频通话需要低延时、低卡顿、高流畅，以保障远程庭审的高效率，同时还需提供录制存证等功能。

2）需要能够与传统电话设备、庭审主机等专用硬件设备灵活适配，实现平台能力覆盖。

3. 远程探视

场景介绍：解决服刑人员家属因路途遥远、行动不便等造成的探监不便，降低探视成本。互动体验也可更好地鼓励服刑人员安心服刑、好好改造。

实现实时互动在该场景中的技术难点如下。

针对监狱等司法机关能够实现私有化、混合云等多种部署模型，同时保障远程探视过程中视频通话的稳定、流畅。

4. 远程复议

场景介绍：通过远程服务系统，实现与复议工作人员远程音视频互动交流，不受地理位置限制，降低复议业务成本，提高业务效率。

实现实时互动在该场景中的技术难点如下。

针对法院等司法机关能够实现私有化、混合云等多种部署模型，同时保障远程探视过程中视频通话的稳定、流畅。

4.7.5 智慧应急：可视化应急指挥

可视化应急指挥

场景介绍：支撑多种应急业务场景实现一对一或多人通话，实现基于公用网络的实时调度及通话能力，可以实现业务大屏、对讲机等多类型终端实时接入，实现快速指挥，快速调度。

可视化应急指挥场景的示例如图 4-29 所示。

图 4-29　可视化应急指挥场景示例图

实现实时互动在该场景中的技术难点如下。

1）指挥现场可能出现弱网环境，实时音视频要具备弱网环境下流畅的音视频通话。

2）需要与应急指挥的多种终端以及大屏进行适配。

4.7.6 智慧文旅：数字展馆、XR 演出等场景解析

1. 数字展馆

场景介绍：结合直播及元宇宙等场景，在数字展馆中融入更多智慧及实时互动元素，实现不限于空间要求的线上展览，馆内融入纪念品、竞赛答题等，增加更多趣味性、互动性，也利于变现。

实现实时互动在该场景中的技术难点如下。

1）作为元宇宙、直播、传统与互联网结合的应用做好底层能力支撑，以一种灵活的平台能力实现场景的外延，能够实现高并发的多人互动。

2）为了增强虚拟展馆的沉浸式体验，需要运用到 3D 空间音频等技术。

2. 云拍卖

场景介绍：拍卖行通过直播的方式将拍卖品进行高清的直播展示，买家可在线举牌竞价，并与拍卖官进行音视频互动，为了保证拍卖公正和体验，需要低延时音视频技术支持。

实现实时互动在该场景中的技术难点如下。

云拍卖的直播需要做到低延时，实现买家画面的实时同步。同时买家的上麦竞价需要延时低于 400ms，以保证拍卖的公正。

3. 文旅直播

场景介绍：以文旅资源为主要内容，帮助优质文旅资源实现线上直播+线下引流，扩展宣传范围，通过在线云体验提升区域资源或产品资源知名度，提高产业价值。

实现实时互动在该场景中的技术难点如下。

1）直播过程中要保障全程稳定、流畅以及高清画质。

2）针对一些偏僻的室外景点需要做到抗弱网传输。

4. XR 演出

场景介绍：通过 XR 技术可以打造线上+线下、真实+虚拟的舞台演出，通过构建科技感、沉浸感的线上舞台场景，让舞台表演更具视觉冲击，给用户带来全新的线上观演体验，推动文化数字化产业的繁荣发展。

实现实时互动在该场景中的技术难点如下。

1）该场景的直播需要大带宽和低时延特性提供支持，对大数据传输与实时互动技术有很高要求，支持高并发的多人互动。

2）需要运用到 3D 空间音频等技术，以增加演出场景的沉浸式体验。

4.7.7　智慧物流、电网、矿区、零售等场景解析

1. 无人仓储

场景介绍：利用仓储自动化设备实现物品的进出库、存储、分拣、包装等无人化操作，其中移动机器人、分拣机器人、仓库实时监管等都依靠低延时音视频传输。

实现实时互动在该场景中的技术难点如下。

1）RTE 接入基础的 SDK 小型化、低功耗化，保障音视频通信效果的同时，还要保障无人设备的长时间续航及可用性。

2）支持在多种复杂网络环境下都能够保障实时互动的效率及效果。

2. 远程电力巡检

场景介绍：利用智能机器人和无人机等设备进行覆盖式检查和远程诊断，支持交互式对讲，方便人员及时处理，实现智能化运维。

实现实时互动在该场景中的技术难点如下。

1）RTE 接入基础的 SDK 小型化、低功耗化，保障音视频通信效果的同时，还要保障无人设备的长时间续航及可用性。

2）支持在多种复杂网络环境下都能够保障实时互动的效率及效果。

3. 无人远程控车

场景介绍：利用远程控车技术，在矿区及灾害现场等危险环境，驾驶员不用亲临现场，只要在操控室操作无人车辆即可将车辆驶入目标地点，完成任务，以免造成不必要的人员伤亡事故。该场景要求车端图像数据实时传输到操控室，因此对低延时有较高要求。

实现实时互动在该场景中的技术难点如下。

1）RTE 接入基础的 SDK 小型化、低功耗化，保障音视频通信效果的同时，还要保障无人设备的长时间续航及可用性。

2）支持在多种复杂网络环境下都能够保障实时互动的效率及效果。

4. 智能冰柜

场景介绍：利用传感和计算机视觉，让零售企业可以实时监控投放冰柜内的货物是否满足协议要求，如有异常可以实时联系货场补货等，免去人工巡店的成本。

实现实时互动在该场景中的技术难点如下。

该场景对视频传输的画质与速度有较高的要求，需要做到低延时的视频传输。

4.7.8　智慧防灾：虚拟演练、虚拟仿真灾害演习等场景解析

1. 虚拟演练

场景介绍：利用 VR 等技术打造沉浸感、逼真的效果及环境，实时互动技术则让指挥和团队协作达到与实战演练一样的效果，最终降低训练成本，提升训练沉浸式体验。

实现实时互动在该场景中的技术难点如下。

1）作为元宇宙、直播、传统与互联网结合的应用做好底层能力支撑，以一种灵活的平台能力实现场景的外延，能够实现高并发的多人互动。

2）为了增加演练的沉浸式体验，需要提供 3D 空间音频等技术。

2. 虚拟仿真灾害演习

场景介绍：通过角色扮演和互动的形式，模拟在灾害发生时开展调度、救援、处置等工作，需要对突发灾害、突发二次灾害、物资不足等应急情况进行反应，因此对实时互动技术要求很高。

实现实时互动在该场景中的技术难点如下。

1）该场景下需要保障在虚拟演习中音视频对话的低延时与高可用，以保障救援演习的效率。

2）为增强虚拟演习的沉浸式体验，需要提供 3D 空间音频等元宇宙技术。

4.8　云钓鱼、VR 带看房、虚拟贸易展会等更多场景

1. 线上活动

场景介绍：从 2020 年开始，很多实体活动/展会等搬到线上，用户可通过

手机、计算机、VR 等设备观看展出,对网络稳定性、音视频互动有需求。

实现实时互动在该场景中的技术难点如下。

线上活动直播对延时有一定的要求,在演讲与对话环节对音视频的低延时、低卡顿、降噪有较高要求,并支持高并发。

2. 虚拟贸易展会

场景介绍:线上模拟线下展览会的形式,通过 3D 建模模拟展馆和企业展台,结合音视频技术,提供产品展示(展板、视频、实物)、音视频导览/讲解、直播/录播、虚拟圆桌洽谈等展览会务活动服务。

虚拟贸易展会场景示例如图 4-30 所示。

图 4-30 虚拟贸易展会场景示例图

实现实时互动在该场景中的技术难点如下。

1)参展商与参会者在开麦后的讲话需要保障低延时、低卡顿,并支持高并发。

2)为增加展会的虚拟感与沉浸感,需要提供虚拟数字人、3D 空间音频等技术。

3. VR 带看房

场景介绍:用户在 APP 上与家人、朋友、中介等通过"实时语音+实时跟屏"的方式完成 360°的全景式看房,有实时音视频及消息互动的需求。

VR 带看房场景的示例如图 4-31 所示。

图 4-31　AR 能看场场景示例图

实现实时互动在该场景中的技术难点如下。

1）对音视频通话的低延时、抗弱网有较高的要求。

2）实现远程标注。

4. 云代驾

场景介绍：云端操作员能够实时了解车辆所处环境与状态，车云无缝对接，完成远程协助，结束后使车辆回到自动驾驶状态，实现主驾无人场景下一人控制多车的高效运营服务。

实现实时互动在该场景中的技术难点如下。

该场景对网络稳定性要求高，需要保障车辆画面的低延时传输。

5. 云钓鱼

场景介绍：用户通过手机远程智能操纵鱼竿钓鱼，包括放缩视角、呼叫等辅助功能，满足钓鱼过程中的互动需求。

实现实时互动在该场景中的技术难点如下。

为保障钓鱼者及时收线，钓鱼画面的实时传输需要做到低延时，画质也需要保障高清晰度。

6. 云导播台

场景介绍:在云端实现直播流的切换,多画面的混流播出等。云导播台支持自定义画面布局、垫流垫片、音视频同步切换等功能,省去了传统沉重的导播台的硬件设备,能够方便快捷地使用导播服务,丰富线上业务场景。

实现实时互动在该场景中的技术难点为多路直播流不仅要保障低延时,还要做到快速的实时切换。

第 5 章

实时音视频大数据观察

本章的所有数据均选取 2022 年 2 月—4 月声网在全球市场的 RTC 数据, 具体的数据结论可能会与实际情况有一些差异。也希望本章的数据能对有出海业务需求的企业、开发者提供一定的参考价值。

5.1 音频卡顿率

用户音频卡顿率 (200ms) 的定义标准: 用户 (uid) 的音频卡顿时长/音频总时长×100%。

用户在频道中音频卡顿率 (200ms) 的定义标准: 用户 (uid+cname 频道) 的音频卡顿时长/音频总时长×100%。

5.1.1 音频卡顿率与用户频道时长的相关性分析

音频卡顿率与用户频道时长的相关性分析的结论如下。

在音频各场景中, 用户频道时长与用户在频道中的音频卡顿率呈现中等负相关性, 相关系数为 0.36~0.56, 中等相关说明卡顿率不是唯一影响业务指标的因素。

各场景下用户频道时长与用户在频道中的音频卡顿率存在不同的量化关系。

1. 语聊房

在语聊房场景下，我们发现当频道中的音频卡顿率高于 8.1% 这一临界值时，99% 的用户是无法接受的。

使用声网 RTC 的语聊房客户中，超过 80% 的用户在频道中的音频卡顿率低于 1.2%，用户的音频体验质量普遍较好，频道停留时长也较长。

经过数据分析，我们进一步发现：当用户在频道中的音频卡顿率位于 1.2%~8.1% 时，音频卡顿率每降低 0.1%，用户在频道中停留的时长平均增加 18s（约为时长中位数的 5.5%），用户在频道中的时长中位数为 327s。

具体量化关系如图 5-1 所示。

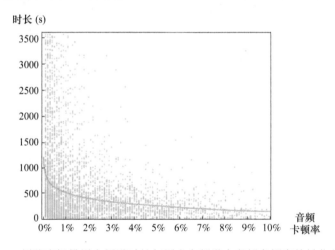

图 5-1　语聊房场景用户频道时长与用户在频道中音频卡顿率的量化关系

注：横坐标——音频卡顿率，纵坐标——用户频道时长。

1）图中的每个变色的数据点表示语聊房场景中用户在某频道中的使用时长和该用户在频道中的音频卡顿率。

2）图中的灰色曲线表示采用对数方程拟合数据点得到的回归曲线，由曲线可以看出语聊房用户频道时长随音频卡顿率变化的趋势。

2. 游戏语音

在游戏语音场景下，我们发现当频道中的音频卡顿率高于 8.4% 时，99% 的用户是无法接受的。

使用声网 RTC 的游戏语音客户中，超过 80% 的用户在频道中的音频卡顿率低于 0.8%，用户的音频体验质量普遍较好，频道停留时长也较长。

经过数据分析，我们进一步发现：当用户在频道中的音频卡顿率位于 0.8%～8.4% 时，音频卡顿率每降低 0.1%，用户在频道中停留的时长平均增加 24s（约为时长中位数的 7%），用户在频道中的时长中位数为 324s。

具体量化关系如图 5-2 所示。

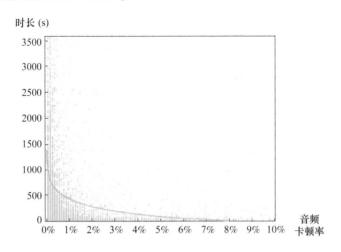

图 5-2　游戏语音场景用户频道时长与用户在频道中音频卡顿率的量化关系

注：横坐标——音频卡顿率，纵坐标——用户频道使用时长。

1）图中的每个变色的数据点表示游戏语音场景中的用户在某频道中的使用时长和该用户在频道中的音频卡顿率。

2）图中的灰色曲线表示采用对数方程拟合数据点得到的回归曲线，由曲线可以看出游戏语音用户频道时长随音频卡顿率变化的趋势。

3. 狼人杀

在狼人杀场景下，用户对音频卡顿率似乎更加敏感，当频道中的音频卡顿率高于 6.9% 时，99% 的用户是无法接受的。

在使用声网 RTC 的狼人杀客户中，超过 85% 的用户在频道中的音频卡顿率低于 1.1%，用户的音频体验质量普遍较好，频道停留时长也较长。

经过数据分析，我们进一步发现：当用户在频道中的音频卡顿率位于 1.1%～6.9% 时，音频卡顿率每降低 0.1%，用户在频道中停留的时长平均增加 28s（约为时长中位数的 5.4%），用户在频道中的时长中位数为 520s。

具体量化关系如图 5-3 所示。

157

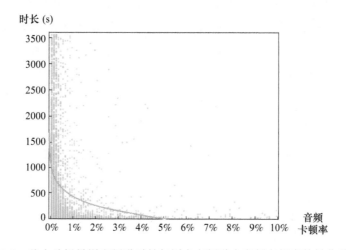

图 5-3　狼人杀场景用户频道时长与用户在频道中音频卡顿率的量化关系

注：横坐标——音频卡顿率，纵坐标——用户频道使用时长。

1）图中的每个变色的数据点表示狼人杀场景中的用户在某频道中的使用时长和该用户在频道中的音频卡顿率。

2）图中的灰色曲线表示采用对数方程拟合数据点得到的回归曲线，由曲线可以看出狼人杀场景用户频道时长随音频卡顿率变化的趋势。

5.1.2　音频卡顿率与用户次日、第 7 日 RTC 留存率分析

注意，我们认为使用 RTC 的用户一般都是 APP 的重度用户，此数据中的用户留存率是指用户使用 RTC 的留存情况，而非使用 APP 的留存率。

音频卡顿率与用户次日、第 7 日 RTC 留存率分析的结论如下。

1）在音频各场景中，用户次日、第 7 日使用 RTC 的留存率与音频卡顿率均呈现中等负相关性，相关系数为 0.39 ~ 0.68，中等相关说明卡顿率不是唯一影响业务指标的因素。

2）次日留存率受卡顿的影响较大（拟合时，次日留存率的变化率大于第 7 日留存率）。

各场景下 RTC 使用留存与音频卡顿率存在不同量化关系。

1. 语聊房

使用声网 RTC 的语聊房客户中，超过 80% 的用户的音频卡顿率低于 1.2%，用户的音频体验质量较好且使用 RTC 的留存率较高。

经过数据分析，我们进一步发现：当用户的音频卡顿率位于 1.2%~10%时，音频卡顿率每降低 0.1%，次日留存率平均增加 0.08%，第 7 日留存率平均增加 0.07%。

具体量化关系如图 5-4 所示。

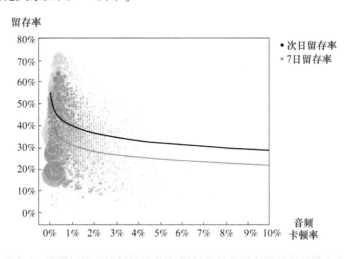

图 5-4 语聊房场景用户使用 RTC 留存率与音频卡顿率的量化关系

注：横坐标——音频卡顿率，纵坐标——用户使用 RTC 留存率。

1）图中的变色数据点表示语聊房场景下用户的次日留存率以及其所在频道的音频卡顿率，灰色的数据点表示语聊房场景下用户的 7 日留存率以及他所在频道的音频卡顿率。

2）数据点的大小代表该点计算留存率时的当日用户数量，用户数量越多、数据点越大，对留存率的估计越可信。

3）黑色曲线和灰色曲线分别表示采用对数方程拟合得到的语聊房场景下次日留存率及七日留存率随音频卡顿率变化的趋势。

2. 游戏语音

使用声网 RTC 的游戏语音客户中，超过 70%的用户的音频卡顿率低于 0.8%，用户的音频体验质量较好且使用 RTC 的留存率较高。

经过数据分析，我们进一步发现：当用户的音频卡顿率位于 0.8%~5%时，音频卡顿率每降低 0.1%，次日留存率平均增加 0.10%，第 7 日留存率平均增加 0.09%。

具体量化关系如图 5-5 所示。

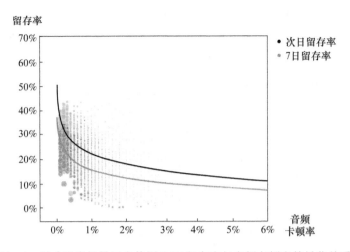

图 5-5　游戏语音场景用户使用 RTC 留存率与音频卡顿率的量化关系

注：横坐标——音频卡顿率，纵坐标——用户使用 RTC 留存率。

1）图中的变色数据点表示游戏语音场景下用户的次日留存率以及他所在频道的卡顿率，灰色的数据点表示游戏语音场景下用户的 7 日留存率以及他所在频道的音频卡顿率。

2）数据点的大小代表该点计算留存率时的当日用户数量，用户数量越多、数据点越大，对留存率的估计越可信。

3）黑色曲线和灰色曲线分别表示采用对数方程拟合得到的游戏语音场景下次日留存率及七日留存率随音频卡顿率变化的趋势。

3. 狼人杀

使用声网 RTC 的狼人杀客户中，超过 85% 的用户的音频卡顿低于 1.1%，用户的音频体验质量较好且使用 RTC 的留存率较高。

经过数据分析，我们进一步发现：当用户的音频卡顿率位于 1.1%～10% 时，音频卡顿率每降低 0.1%，次日留存率平均增加 0.23%，第 7 日留存率平均增加 0.18%。

具体量化关系如图 5-6 所示。

1）图中的变色数据点表示狼人杀场景下用户的次日留存率以及他所在频道的音频卡顿率，灰色的数据点表示狼人杀场景下用户的 7 日留存率以及他所在频道的音频卡顿率。

2）数据点的大小代表该点计算留存率时的当日用户数量，用户数量越多、数据点越大，对留存率的估计越可信。

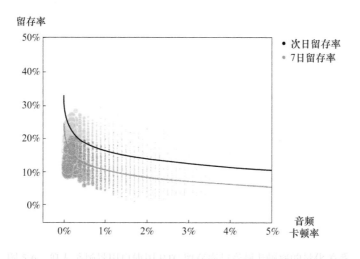

图 5.6　狼人杀场景用户使用 RTC 留存率与音频卡顿率的量化关系

注：横坐标——音频卡顿率，纵坐标——用户使用 RTC 留存率。

3）黑色曲线和灰色曲线分别表示采用对数方程拟合得到的狼人杀场景下次日留存率及七日留存率随音频卡顿率变化的趋势。

5.2　视频卡顿率

注意，本章节的数据结论是基于声网音视频大数据统计的分析结果，可能会与实际情况有一些差异。

用户视频卡顿率（600ms）的定义标准：用户（uid）的视频卡顿时长/视频总时长×100%。

用户在频道中视频卡顿率（600ms）的定义标准：用户（uid+cname 频道）的视频卡顿时长/视频总时长×100%。

5.2.1　视频卡顿率与用户频道时长的相关性分析

视频卡顿率与用户频道时长的相关性分析的结论如下。

1）在视频各场景中，用户频道时长与用户在频道中视频卡顿率呈现中等负相关性，相关系数为 0.3~0.68，中等相关说明卡顿率不是唯一影响业务指标的因素。

2）1v1 视频通话和视频相亲场景中，用户对频道中视频卡顿率变化敏感度较高，当视频卡顿率变化时，时长变化的百分比高于其他场景。

3）秀场直播场景中用户对频道中视频卡顿率的忍耐度较高，90%的用户可接受的视频卡顿率高于其他场景。

各场景下用户频道时长与用户在频道中的视频卡顿率存在不同的量化关系。

1. 1v1 视频通话

我们发现在 1v1 视频通话场景中，当频道中的视频卡顿率高于 12.9% 这一临界值时，90%的用户是无法接受的。

使用声网 RTC 的 1v1 视频通话客户中，超过 50% 的用户在频道中的视频卡顿率小于 2.4%，用户的视频体验质量普通较好，并且频道停留时长较长。

经过数据分析，我们进一步发现：当用户在频道中的视频卡顿率位于 2.4%～12.9% 时，视频卡顿率每降低 0.1%，用户在频道中停留时长平均增加 0.9s（约为时长中位数的 1.6%），用户在频道中的时长中位数为 58s。

具体量化关系如图 5-7 所示。

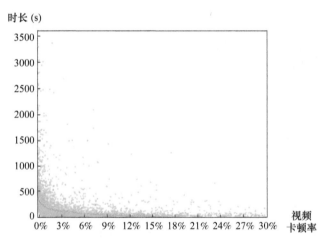

图 5-7　1v1 视频通话场景用户频道时长与用户在频道中视频卡顿率的量化关系

注：横坐标——视频卡顿率，纵坐标——用户频道时长。

1）图中的每个变色数据点表示 1v1 视频通话场景中的用户在某频道中的使用时长和该用户在频道中的视频卡顿率。

2）图中的灰色曲线表示采用对数方程拟合数据点得到的回归曲线，由曲线可以看出 1v1 视频通话用户频道时长随视频卡顿率变化的趋势。

2. 视频相亲

在视频相亲场景中，当频道中的视频卡顿率高于 9% 时，90%的用户是无法接受的。

在使用声网 RTC 的视频相亲客户中，超过 75% 的用户在频道中的视频卡顿率低于 3.4%，用户的视频体验质量普通较好，并且频道停留时长较长。

经过数据分析，我们进一步发现：当用户在频道中的视频卡顿率位于 3.4%～9% 时，视频卡顿率每降低 0.1%，用户在频道中的停留时长平均增加 2.3s（约为时长中位数的 1.5%），用户在频道中的时长中位数为 154s。

具体量化关系如图 5-8 所示。

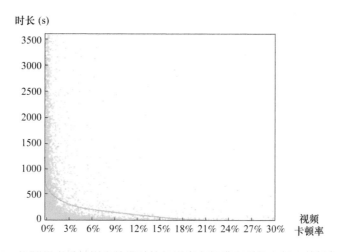

注：横坐标——视频卡顿率，纵坐标——用户频道时长。

1）图中的每个变色的数据点表示视频相亲场景中的用户在某频道中的使用时长和该用户在频道中的视频卡顿率。

2）图中的灰色曲线表示采用对数方程拟合数据点得到的回归曲线，由曲线可以看出视频相亲用户频道时长随视频卡顿率变化的趋势。

3．秀场直播

在秀场直播场景中，当频道中的视频卡顿率高于 14.3% 时，90% 的用户是无法接受的。

在使用声网 RTC 的秀场直播客户中，超过 55% 的用户在频道中的视频卡顿率低于 2.5%，用户的视频体验质量普通较好，并且频道停留时长较长。

经过数据分析，我们进一步发现：当用户在频道中的视频卡顿率位于 2.5%～14.3% 时，视频卡顿率每降低 0.1%，用户在频道中停留时长平均增加 1.9s（约为时长中位数的 0.6%），用户在频道中的时长中位数为 314s。

具体量化关系如图 5-9 所示。

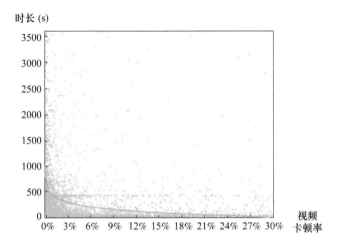

图 5-9　秀场直播场景用户频道时长与用户在频道中视频卡顿率的量化关系

注：横坐标——视频卡顿率，纵坐标——用户频道时长。

1）图中的每个变色的数据点表示秀场直播场景中的用户在某频道中的使用时长和该用户在频道中的视频卡顿率。

2）图中的灰色曲线表示采用对数方程拟合数据点得到的回归曲线，由曲线可以看出秀场直播用户频道时长随视频卡顿率变化的趋势。

4. 电商直播

在电商直播场景中，当频道中的视频卡顿率高于 7.7% 时，90%的用户是无法接受的。

在使用声网 RTC 的电商直播客户，超过 70%的用户在频道中的视频卡顿率低于 2.3%，用户的视频体验质量普通较好，并且频道停留时长较长。

经过数据分析，我们进一步发现：当用户在频道中的视频卡顿率位于 2.3%~7.7%时，视频卡顿率每降低 0.1%，用户在频道中停留时长平均增加 3.5s（约为时长中位数的 1%），电商直播用户在频道中的时长中位数为 340s。

具体量化关系如图 5-10 所示。

1）图中的每个变色的数据点表示电商直播场景中的用户在某频道中的使用时长和该用户在频道中的视频卡顿率。

2）图中的灰色曲线表示采用对数方程拟合数据点得到的回归曲线，由曲线可以看出电商直播用户频道时长随视频卡顿率变化的趋势。

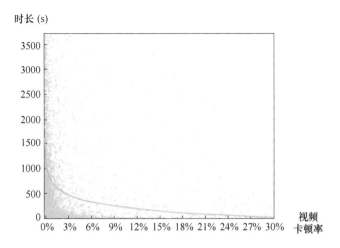

时长 (s)

注：横坐标——视频卡顿率，纵坐标——用户频道时长。

5.2.2　视频卡顿率与用户次日、第 7 日 RTC 留存率分析

注意，我们认为使用 RTC 的用户一般都是 APP 的重度用户，此数据中的留存率是指用户使用 RTC 的留存情况，而非使用 APP 的留存率。

视频卡顿率与用户次日、第 7 日 RTC 留存率分析的结论如下。

1）在 1v1 视频通话、视频相亲、电商直播场景中，用户在次日、第 7 日使用 RTC 的留存率与视频卡顿率均呈现中等负相关性，相关系数为 0.34～0.52，中等相关说明卡顿率不是唯一影响业务指标的因素。

2）在秀场直播场景中，用户在次日使用 RTC 的留存率与视频卡顿率呈现弱负相关性，相关系数为 0.03～0.14，为弱相关；用户在第 7 日使用 RTC 的留存率与视频卡顿率呈现弱负相关性，相关系数为 0.16～0.23，为弱相关。

各场景下 RTC 使用留存与视频卡顿率存在不同的量化关系。

1. 1v1 视频通话

使用声网 RTC 的 1v1 视频通话客户中，超过 60% 的用户的视频卡顿率低于 3%，用户的视频体验质量较好且使用 RTC 的留存率较高。

经过数据分析，我们进一步发现：当用户的视频卡顿率位于 3%～30% 时，视频卡顿率每降低 0.1%，次日留存率平均增加 0.04%，第 7 日留存率平均增加 0.035%。

具体量化关系如图 5-11 所示。

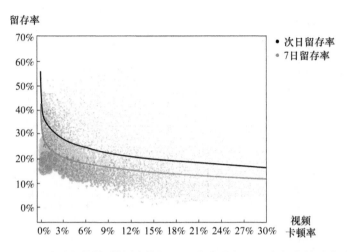

图 5-11　1v1 视频通话场景用户使用 RTC 留存率与视频卡顿率的量化关系

注：横坐标——视频卡顿率，纵坐标——留存率。

1）图中的变色数据点表示 1v1 视频通话场景下用户的次日留存率以及他所在频道的视频卡顿率，灰色的数据点表示 1v1 视频通话场景下用户的 7 日留存率以及他所在频道的视频卡顿率。

2）数据点的大小代表该点计算留存率时的当日用户数量，用户数量越多、数据点越大，对留存率的估计越可信。

3）黑色曲线和灰色曲线分别表示采用对数方程拟合得到的 1v1 视频通话场景下次日留存率以及七日留存率随视频卡顿率变化的趋势。

2. 视频相亲

使用声网 RTC 的视频相亲客户中，超过 75% 用户的视频卡顿率低于 3.4%，用户的视频体验质量较好且使用 RTC 的留存率较高。

经过数据分析，我们进一步发现，当用户的视频卡顿率在 3.4% ~ 28% 时，视频卡顿率每降低 0.1%，次日留存率平均增加 0.05%，第 7 日留存率平均增加 0.04%。

具体量化关系如图 5-12 所示。

1）图中的变色数据点表示视频相亲场景下用户的次日留存率以及他所在频道的卡顿率，灰色的数据点表示视频相亲场景下用户的 7 日留存率以及他所在频道的卡顿率。

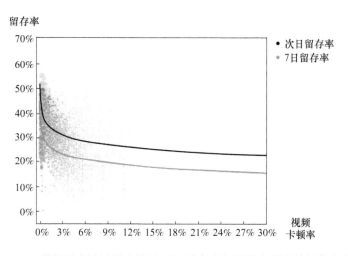

图 5-12　视频相亲场景用户使用 RTC 留存率与视频卡顿率的量化关系

注：横坐标——视频卡顿率，纵坐标——留存率。

2）数据点的大小代表该点计算留存率时的当日用户数量，用户数量越多、数据点越大，对留存率的估计更加可信。

3）黑色曲线和灰色曲线分别表示采用对数方程拟合得到的视频相亲通话场景下次日留存率以及七日留存率随卡顿率变化的趋势。

3. 秀场直播

使用声网 RTC 的秀场直播客户中，超过 60% 用户的视频卡顿率低于 3%，用户的视频体验质量较好且使用 RTC 的留存率较高。

经过数据分析，我们进一步发现，当用户的视频卡顿率在（3% ~ 30%］之间时，视频卡顿率每降低 0.1%，次日留存率平均增加 0.038%，第 7 日留存率平均增加 0.03%。

具体量化关系如图 5-13 所示。

1）图中的变色数据点表示秀场直播场景下用户的次日留存率以及他所在频道的卡顿率，灰色的数据点表示秀场直播场景下用户的 7 日留存率以及他所在频道的卡顿率。

2）数据点的大小代表该点计算留存率时的当日用户数量，用户数量越多、数据点越大，对留存率的估计更加可信。

3）黑色曲线和灰色曲线分别表示采用对数方程拟合得到的秀场直播场景下次日留存率以及七日留存率随卡顿率变化的趋势。

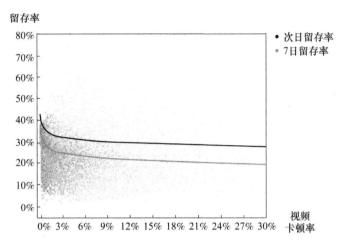

图 5-13　秀场直播场景用户使用 RTC 留存率与视频卡顿率的量化关系

注：横坐标——视频卡顿率，纵坐标——留存率。

4. 电商直播

使用声网 RTC 的电商直播客户中，超过 80% 用户的视频卡顿率低于 3.9%，用户的视频体验质量较好且使用 RTC 的留存率较高。

经过数据分析，我们进一步发现，当用户的视频卡顿率在 3.9%～29% 时，视频卡顿率每降低 0.1%，次日留存率平均增加 0.031%，第 7 日留存率平均增加 0.028%。

具体量化关系如图 5-14 所示。

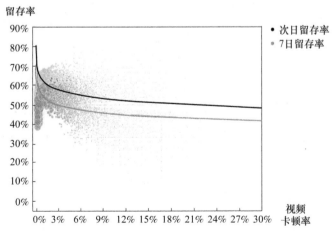

图 5-14　电商直播场景用户使用 RTC 留存率与视频卡顿率的量化关系

注：横坐标——视频卡顿率，纵坐标——留存率。

1）图中的变色数据点表示电商直播场景下用户的次日留存率以及他所在频道的卡顿率，灰色的数据点表示电商直播场景下用户的 7 日留存率以及他所在频道的卡顿率。

2）数据点的大小代表该点计算留存率时的当日用户数量，用户数量越多、数据点越大，对留存率的估计更加可信。

3）黑色曲线和灰色曲线分别表示采用对数方程拟合得到的电商直播场景下次日留存率以及七日留存率随卡顿率变化的趋势。

5.3　音视频机型大数据

以下数据均选取 2022 年 2 月—4 月声网在全球的 RTC 数据，通过多个维度的音视频机型大数据分析，希望能给全球的开发者以及行业从业者提供一个参考，一起去推动实时互动技术的进步，给用户带来更极致的实时互动体验。

5.3.1　RTC 用量 TOP 30 机型清单

注意，前 TOP 100 占比可以理解为该机型的 RTC 用量在用量 TOP 100 机型中的占比。本章节仅展示了全球七大区域 RTC 用量 TOP 30 机型清单，关于 TOP 2000 机型清单可进一步咨询声网官方。

1. 中国大陆地区 RTC 用量 TOP 30 机型清单

在中国大陆地区（不包括香港、澳门特别行政区及台湾地区，以下均同）RTC 用量 TOP 30 的机型中，Apple（苹果）手机的品牌占比最高，达到了 18 款机型，华为手机次之，达到 7 款机型，具体机型列表见表 5-1。

表 5-1　中国大陆地区 RTC 用量 TOP 30 机型列表

排　　名	设备厂商	设备名称	前 100 占比	总用量占比
1	Apple	iPhone 11	8.37%	4.44%
2	Apple	iPhone 12	5.56%	2.95%
3	Apple	iPhone 13	3.40%	1.81%
4	Apple	iPhone XR	3.15%	1.67%
5	Apple	iPhone X	3.07%	1.63%
6	Apple	iPhone 12 Pro Max	2.62%	1.39%

（续）

排　名	设备厂商	设备名称	前100占比	总用量占比
7	Apple	iPhone XS Max	2.57%	1.36%
8	Apple	iPhone 8 Plus	2.46%	1.30%
9	Apple	iPhone 13 Pro Max	2.16%	1.14%
10	Apple	iPhone 7 Plus	1.61%	0.85%
11	Apple	iPhone 13 Pro	1.54%	0.81%
12	Apple	iPhone 11 Pro Max	1.52%	0.81%
13	Apple	iPhone 12 Pro	1.37%	0.73%
14	HUAWEI	Nova 5 Pro	1.28%	0.68%
15	Apple	iPad（6th Generation）	1.25%	0.66%
16	Apple	iPhone 6S Plus	1.15%	0.61%
17	vivo	vivo Y3	1.15%	0.61%
18	Apple	iPad（8th Generation）	1.14%	0.60%
19	HUAWEI	Huawei P30	1.13%	0.60%
20	HUAWEI	Huawei Mate30	1.09%	0.58%
21	oppo	oppo R17	1.09%	0.58%
22	Apple	iPad（7th Generation）	1.06%	0.56%
23	HUAWEI	Huawei Mate30 Pro	1.04%	0.55%
24	vivo	vivo Y52s	1.02%	0.54%
25	Apple	iPhone 8	1.00%	0.53%
26	HUAWEI	荣耀9X	0.99%	0.52%
27	oppo	oppo Reno6	0.96%	0.51%
28	oppo	oppo A32	0.95%	0.50%
29	HUAWEI	Huawei P40 Pro	0.94%	0.50%
30	HUAWEI	Huawei P40	0.92%	0.49%

2. 中东地区 RTC 用量 TOP 30 机型清单

在中东地区 RTC 用量 TOP 30 机型中，SAMSUNG（三星）的品牌占比最高，达到 12 款，Apple 手机次之，达到了 7 款，Xiaomi（小米）手机达到了 6 款。具体机型列表见表 5-2。

表 5-2　中东地区 RTC 用量 TOP 30 机型列表

排　名	设备厂商	设备名称	前 100 占比	总用量占比
1	Xiaomi	Redmi Note 8 Pro	16.03%	11.09%
2	SAMSUNG	SAMSUNG Galaxy J7 Neo	5.69%	3.94%
3	HUAWEI	Huawei Y9 Prime	3.84%	2.65%
4	Apple	iPhone 11	2.82%	1.95%
5	Xiaomi	Redmi 8	2.66%	1.84%
6	SAMSUNG	SAMSUNG Galaxy A10s	1.96%	1.36%
7	Apple	iPhone 12 Pro Max	1.93%	1.34%
8	Apple	iPhone 11 Pro Max	1.79%	1.24%
9	Xiaomi	Redmi Note 8	1.65%	1.14%
10	Xiaomi	Redmi 9	1.60%	1.11%
11	Infinix	Infinix Hot S4	1.50%	1.04%
12	Apple	iPhone XS Max	1.44%	0.99%
13	SAMSUNG	SAMSUNG Galaxy J6	1.43%	0.99%
14	SAMSUNG	SAMSUNG Galaxy A51	1.40%	0.97%
15	SAMSUNG	SAMSUNG Galaxy A21s	1.37%	0.95%
16	SAMSUNG	SAMSUNG Galaxy A12	1.31%	0.91%
17	HUAWEI	Huawei Y9	1.22%	0.84%
18	HUAWEI	Huawei Y7	1.17%	0.81%
19	Apple	iPhone 7 Plus	1.16%	0.80%
20	Infinix	Infinix S5 Pro	1.14%	0.79%
21	SAMSUNG	SAMSUNG Galaxy J7 Prime	1.11%	0.76%
22	SAMSUNG	SAMSUNG Galaxy A20s	1.08%	0.74%
23	SAMSUNG	SAMSUNG Galaxy A11	1.06%	0.74%
24	Apple	iPhone X	1.04%	0.72%
25	SAMSUNG	SAMSUNG Galaxy A10	1.03%	0.72%
26	SAMSUNG	SAMSUNG Galaxy On7 Prime	0.99%	0.68%
27	SAMSUNG	SAMSUNG Galaxy A50	0.98%	0.68%
28	Xiaomi	Xiaomi POCO X3 Pro	0.96%	0.66%
29	Apple	iPhone 13 Pro Max	0.91%	0.63%
30	Xiaomi	Redmi 10X	0.90%	0.62%

3. 东南亚地区 RTC 用量 TOP 30 机型清单

在东南亚地区 RTC 用量 TOP 30 机型中,Apple 的品牌占比最高,达到 11 款,Xiaomi 手机次之,达到了 6 款,OPPO 手机达到了 5 款。具体机型列表见表 5-3。

表 5-3　东南亚地区 RTC 用量 TOP 30 机型列表

排　名	设备厂商	设备名称	前 100 占比	总用量占比
1	vivo	vivo Y3	5.19%	2.81%
2	Apple	iPhone 11	4.26%	2.30%
3	OPPO	OPPO A5s	3.24%	1.75%
4	Apple	iPhone XR	2.91%	1.57%
5	Apple	iPhone 12	2.41%	1.30%
6	OPPO	OPPO A12	2.13%	1.15%
7	Apple	iPhone SE 2	1.92%	1.04%
8	Xiaomi	Redmi Note 8	1.79%	0.97%
9	Xiaomi	Redmi 10X	1.64%	0.89%
10	Apple	iPhone 12 Pro Max	1.61%	0.87%
11	vivo	vivo Y12s	1.57%	0.85%
12	OPPO	OPPO A15	1.43%	0.77%
13	Xiaomi	Redmi 9	1.41%	0.76%
14	Xiaomi	Redmi 9A	1.39%	0.75%
15	realme	Realme 5i	1.36%	0.74%
16	Apple	iPhone 12 Pro	1.34%	0.73%
17	Apple	iPhone 11 Pro Max	1.33%	0.72%
18	vivo	vivo Y91i	1.30%	0.70%
19	OPPO	OPPO A3s	1.28%	0.69%
20	Apple	iPhone XS Max	1.23%	0.66%
21	Xiaomi	Redmi Note 8 Pro	1.22%	0.66%
22	Apple	iPhone 8	1.20%	0.65%
23	Apple	iPhone 13	1.19%	0.64%

（续）

排　　名	设备厂商	设备名称	前 100 占比	总用量占比
24	vivo	vivo Y12	1.14%	0.62%
25	Infinix	Infinix Hot 10 Play	1.12%	0.61%
26	Apple	iPhone 11 Pro	1.12%	0.60%
27	Xiaomi	Redmi 9C	1.07%	0.58%
28	realme	Realme C3	1.07%	0.58%
29	realme	Realme C11 2021	1.06%	0.57%
30	OPPO	OPPO A54	1.05%	0.57%

4. 印度地区 RTC 用量 TOP 30 机型清单

在印度地区 RTC 用量 TOP 30 机型中，Xiaomi 的品牌占比最高，达到 16 款，vivo 手机次之，达到了 7 款，OPPO 手机达到了 6 款。具体机型列表见表 5-4。

表 5-4　印度地区 RTC 用量 TOP 30 机型列表

排　　名	设备厂商	设备名称	前 100 占比	总用量占比
1	Xiaomi	Redmi 9 印度版	2.89%	1.59%
2	Xiaomi	Redmi 9A 印度版	2.81%	1.55%
3	vivo	vivo Y91i	2.72%	1.50%
4	Xiaomi	Redmi Note 7 Pro	2.08%	1.15%
5	Xiaomi	Redmi Note 8	2.00%	1.10%
6	vivo	vivo Y3	3.64%	2.01%
7	vivo	vivo Y12	1.91%	1.05%
8	Xiaomi	Redmi 9 Power 印度版	1.90%	1.05%
9	Xiaomi	Redmi Note 8 Pro	1.78%	0.98%
10	Xiaomi	Redmi 8	1.77%	0.97%
11	Xiaomi	Redmi Note 5 pro	1.68%	0.93%
12	vivo	vivo Y20	1.66%	0.91%
13	Xiaomi	Redmi 6A	1.64%	0.90%
14	OPPO	OPPO A5s	1.64%	0.90%
15	Xiaomi	Redmi 8A Dual	1.57%	0.86%

（续）

排　名	设备厂商	设备名称	前100占比	总用量占比
16	Xiaomi	Redmi 10X	1.54%	0.85%
17	vivo	vivo Y21	1.47%	0.81%
18	Xiaomi	Redmi Note 9 Pro	1.41%	0.77%
19	OPPO	OPPO A15s	1.40%	0.77%
20	OPPO	OPPO A54	1.40%	0.77%
21	vivo	vivo Y20G	1.37%	0.76%
22	Xiaomi	Redmi 9i 印度版	1.37%	0.75%
23	OPPO	OPPO A53	1.26%	0.69%
24	Xiaomi	Redmi 9	1.25%	0.69%
25	OPPO	OPPO A15	1.24%	0.68%
26	Apple	iPhone 11	1.18%	0.65%
27	OPPO	OPPO A12	1.16%	0.64%
28	Xiaomi	Redmi Y2	1.14%	0.63%
29	Xiaomi	Redmi Note 9 Pro Max	1.09%	0.60%
30	vivo	vivo S1	1.07%	0.59%

5. 北美地区 RTC 用量 TOP 30 机型清单

在北美地区 RTC 用量 TOP 30 机型中，Apple 的品牌占比最高，达到 20 款，SAMSUNG 手机次之，达到了 6 款。具体机型列表见表 5-5。

表 5-5　北美地区 RTC 用量 TOP 30 机型列表

排　名	设备厂商	设备名称	前100占比	总用量占比
1	Apple	iPhone 11	9.91%	7.78%
2	Xiaomi	Redmi Note 8 Pro	9.19%	7.22%
3	Apple	iPhone 12 Pro Max	7.55%	5.93%
4	Apple	iPhone XR	5.89%	4.63%
5	Apple	iPhone 13 Pro Max	4.64%	3.64%
6	Apple	iPhone 12	4.52%	3.55%
7	Apple	iPhone 11 Pro Max	4.03%	3.16%

（续）

排　名	设备厂商	设 备 名 称	前 100 占比	总用量占比
8	SAMSUNG	SAMSUNG Galaxy J7 Neo	3.75%	2.95%
9	Apple	iPhone SE 2	3.09%	2.43%
10	Apple	iPhone 12 Pro	2.82%	2.21%
11	Apple	iPhone 13	2.69%	2.11%
12	Apple	iPhone 8 Plus	2.15%	1.69%
13	Apple	iPhone XS Max	1.86%	1.46%
14	Apple	iPhone 13 Pro	1.83%	1.44%
15	Apple	iPhone 8	1.60%	1.26%
16	Apple	iPhone 11 Pro	1.54%	1.21%
17	Apple	iPhone X	1.46%	1.15%
18	SAMSUNG	SAMSUNG Galaxy A12	1.12%	0.88%
19	Apple	iPhone 7	1.04%	0.81%
20	Apple	iPhone XS	0.92%	0.73%
21	SAMSUNG	SAMSUNG Galaxy A32	0.87%	0.68%
22	Apple	iPhone 12 mini	0.81%	0.64%
23	Apple	iPhone 6S	0.79%	0.62%
24	Xiaomi	Redmi 8	0.73%	0.57%
25	SAMSUNG	SAMSUNG Galaxy S21 Ultra	0.73%	0.57%
26	SAMSUNG	SAMSUNG Galaxy J6	0.71%	0.56%
27	Apple	iPhone 7 Plus	0.64%	0.50%
28	LG	LG Stylo 6	0.64%	0.50%
29	SAMSUNG	SAMSUNG Galaxy S21	0.57%	0.45%
30	Motorola	Moto G Stylus	0.55%	0.43%

6. 南美地区 RTC 用量 TOP 30 机型清单

在南美地区 RTC 用量 TOP 30 机型中，SAMSUNG 的品牌占比最高，达到 16 款，Xiaomi 手机次之，达到了 7 款。具体机型列表见表 5-6。

表 5-6　南美地区 RTC 用量 TOP 30 机型列表

排　名	设备厂商	设备名称	前100占比	总用量占比
1	SAMSUNG	SAMSUNG Galaxy A10s	4.10%	2.54%
2	SAMSUNG	SAMSUNG Galaxy A21s	3.31%	2.05%
3	SAMSUNG	SAMSUNG Galaxy A12	3.16%	1.96%
4	SAMSUNG	SAMSUNG Galaxy A02	2.86%	1.77%
5	SAMSUNG	SAMSUNG Galaxy A10	2.54%	1.57%
6	Xiaomi	Redmi Note 8	2.52%	1.56%
7	HUAWEI	Huawei Y9 Prime	2.39%	1.48%
8	SAMSUNG	SAMSUNG Galaxy A20s	2.05%	1.27%
9	Xiaomi	Redmi 10X	2.02%	1.25%
10	SAMSUNG	SAMSUNG Galaxy A11	1.94%	1.20%
11	SAMSUNG	SAMSUNG Galaxy A01	1.87%	1.16%
12	Xiaomi	Redmi 9	1.87%	1.16%
13	Apple	iPhone 11	1.82%	1.13%
14	Xiaomi	Redmi 9A	1.78%	1.10%
15	Motorola	Moto G20	1.70%	1.05%
16	SAMSUNG	SAMSUNG Galaxy J7 Prime	1.66%	1.03%
17	SAMSUNG	SAMSUNG Galaxy J5 Prime	1.61%	1.00%
18	SAMSUNG	SAMSUNG Galaxy A20	1.57%	0.97%
19	SAMSUNG	SAMSUNG Galaxy A32	1.55%	0.96%
20	SAMSUNG	SAMSUNG Galaxy A31	1.50%	0.93%
21	Motorola	Moto G9 Play	1.36%	0.84%
22	HUAWEI	Huawei Y9	1.28%	0.79%
23	SAMSUNG	SAMSUNG Galaxy A01 Core	1.25%	0.77%
24	Xiaomi	Xiaomi POCO X3 Pro	1.20%	0.74%
25	Xiaomi	Xiaomi Redmi Note 9S	1.16%	0.72%
26	SAMSUNG	SAMSUNG Galaxy J2 Core	1.16%	0.72%
27	Apple	iPhone XR	1.15%	0.71%
28	Xiaomi	Redmi 9C	1.14%	0.70%
29	SAMSUNG	SAMSUNG Galaxy A51	1.12%	0.69%
30	Motorola	Moto E7	1.08%	0.67%

7. 欧洲地区 RTC 用量 TOP 30 机型清单

在欧洲地区 RTC 用量 TOP 30 机型中，Apple 的品牌占比最高，达到 14 款，SAMSUNG 手机次之，达到了 7 款，Xiaomi 手机达到了 6 款。具体机型列表见表 5-7。

表 5-7　欧洲地区 RTC 用量 TOP 30 机型列表

排　名	设备厂商	设备名称	前 100 占比	总用量占比
1	SAMSUNG	SAMSUNG Galaxy J7 Neo	8.56%	6.68%
2	Infinix	Infinix S5 Pro	3.20%	2.50%
3	Apple	iPhone 11	3.06%	2.39%
4	SAMSUNG	SAMSUNG Galaxy J6	2.99%	2.33%
5	Xiaomi	Redmi 8	2.70%	2.11%
6	Infinix	Infinix Hot S4	2.52%	1.97%
7	Apple	iPhone 12 Pro Max	1.49%	1.17%
8	Apple	iPhone XR	1.31%	1.03%
9	Apple	iPhone 12	1.19%	0.93%
10	Apple	iPhone 11 Pro Max	1.12%	0.87%
11	Xiaomi	Redmi Note 8	1.05%	0.82%
12	SAMSUNG	SAMSUNG Galaxy On7 Prime	0.98%	0.77%
13	Xiaomi	Redmi Note 7	0.96%	0.75%
14	SAMSUNG	SAMSUNG Galaxy C9 Pro	0.95%	0.74%
15	Xiaomi	Xiaomi POCO X2	0.93%	0.73%
16	Apple	iPhone 13 Pro Max	0.86%	0.67%
17	Apple	iPhone 12 Pro	0.85%	0.67%
18	Xiaomi	Redmi 9	0.84%	0.66%
19	Apple	iPhone 11 Pro	0.80%	0.63%
20	Apple	iPhone X	0.78%	0.61%
21	SAMSUNG	SAMSUNG Galaxy A51	0.75%	0.58%
22	Apple	iPhone XS Max	0.70%	0.54%
23	Apple	iPhone 7	0.66%	0.51%
24	SAMSUNG	SAMSUNG Galaxy A21s	0.63%	0.49%

（续）

排　　名	设备厂商	设备名称	前 100 占比	总用量占比
25	Xiaomi	Xiaomi POCO X3 Pro	0.61%	0.47%
26	SAMSUNG	SAMSUNG Galaxy A12	0.58%	0.45%
27	Apple	iPhone 8	0.57%	0.45%
28	HUAWEI	Huawei Y9 Prime	0.56%	0.44%
29	Apple	iPhone 8 Plus	0.54%	0.42%
30	Apple	iPhone 13	0.53%	0.42%

5.3.2 低端机的 RTC 用量占比

1. RTC 用量越靠后，低端机占比越高

在 RTC 用量 TOP 100 机型中，低端机用量占比较低，在用量 TOP 2000 机型中，低端机的用量占比有明显提升。这里的低端机是指依据识别到的设备运行内存、CPU 核心数、CPU 主频赋权重计算得分，分数较低的设备机型。

不同 RTC 用量的机型中低端机具体占比如图 5-15 所示。

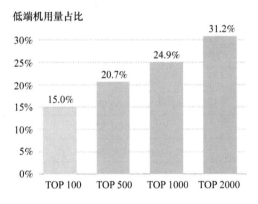

图 5-15　TOP 2000 机型内低端机用量占比

2. 中国大陆地区低端机占比最低，南美低端机占比最高

（1）全球各区域低端机个数占比

1）中国大陆地区、北美、东南亚、欧洲低端机个数较低。印度、中东、南美较高。

2）南美低端机个数是中国大陆地区的 2 倍。

全球七大区域中低端机个数具体占比的对比如图 5-16 所示。

图 5-16 全球七大区域低端机个数占比

（2）全球各区域低端机用量占比

低端机用量占比普遍低于个数占比，意味着低端机的用量相比中高端机低很多。

全球七大区域中低端机 RTC 用量的具体对比如图 5-17 所示。

图 5-17 全球七大区域低端机用量占比

5.3.3 机型重合率

1. 中国大陆地区与其他地区的平均机型重合度最低

1）中国大陆地区的机型市场比较特殊，平均重合率为 15%，只有其他地区的一半不到。

2）欧洲的平均机型重合率最高，达 49%。

全球七大区域机型重合率的具体对比如图 5-18 所示。

图 5-18 全球七大区域机型平均重合率对比

注意，图中的平均重合率是指该地区 RTC 用量 TOP 2000 机型与其他地区 TOP 2000 机型重合率的平均值。

2. 与中国大陆地区机型重合率最高的是东南亚，最低是南美

中国大陆地区 TOP 2000 机型与其他区域的机型重合率如图 5-19 所示。

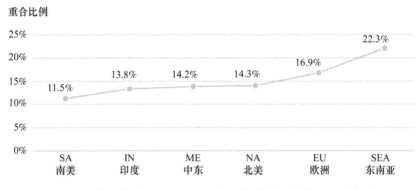

图 5-19 中国大陆地区 TOP 2000 机型与其他区域的机型重合率

3. 欧洲和中东机型重合率最高，中国大陆地区和南美机型重合率最低

1）欧洲和中东机型重合率高达 70%，TOP 2000 中相同机型有 1395 个。

2）中国大陆地区和南美机型重合率最低，只有 12%，TOP 2000 机型中只有 230 个相同机型。

各区域之间的机型具体重合率如图 5-20 所示。

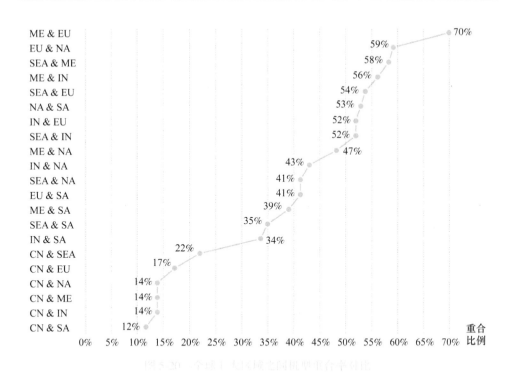

图 5-20 全球十大区域空间机型重合率讨论

4. 各区域 TOP 2000 重合最多的机型为 iPad 和 iPhone

1）在所有地区用量 TOP 2000 中都出现的机型共 154 个。

2）重合机型厂商主要是 Apple 旗下的 iPad、iPhone，其次为小米、三星，少量的还有华为、一加等。

各区域 TOP 2000 机型中重合最多的机型厂商分布如图 5-21 所示。

重合机型厂商分布

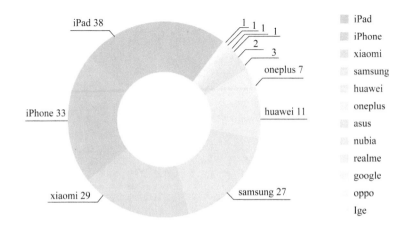

■	iPad
■	iPhone
▨	xiaomi
▨	samsung
▨	huawei
▨	oneplus
▨	asus
▨	nubia
▨	realme
▨	google
▨	oppo
▨	lge

181

5.3.4 机型常用网络占比

1. 中国大陆地区、欧洲、中东、北美、南美地区使用网络均更依赖 WiFi

中国大陆地区、欧洲、中东、北美、南美这五个地区的 WiFi 网络占比 75% ~ 88%。4G 为辅，用量占比在 10% ~ 21%。

五大区域机型常用网络占比如图 5-22 所示。

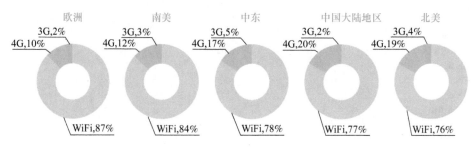

图 5-22　中国大陆地区等五大区域机型的常用网络占比

2. 东南亚地区的 4G 和 WiFi 用量均衡

1）东南亚地区的 4G 用量（41%）和 WiFi 用量（56%）较为均衡。

2）印度地区的常用网络与其他地区不一致，4G 占据很大用量（81%），WiFi 占比只有 17%，与其他地区的网络规律相反。

东南亚与印度地区机型常用网络占比如图 5-23 所示。

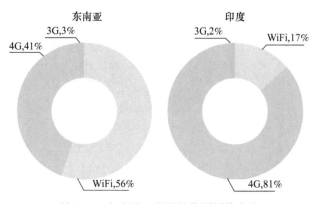

图 5-23　东南亚、印度的常用网络占比

3. 使用 5G 的地区主要是中国大陆地区、北美和东南亚

1）5G 目前由于覆盖不全、流量多、耗电大等问题还未被广泛使用，其用量仅占整体用量的 0.28%。

2）在这少量的 5G 用量中，中国大陆地区为使用主力军，占 69%。北美、东南亚其次，占 15% 和 11%。中东、欧洲少量，占 2.6% 和 1.7%。南美、印度极少，占 0.03% 和 0.02%。

各区域机型 5G 用量的具体占比如图 5-24 所示。

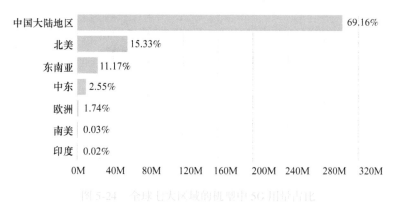

图 5-24　全球七大区域的机型中 5G 用量占比

注意，条形图中的百分比表示该地区的 5G 用量在所有地区 5G 用量中的占比。

附　录

配套资源下载

为了让读者更全面地了解实时互动，本书还附赠了一系列与实时互动相关的配套资源供学习和使用，具体资源如下。

1）RTE 万象图谱电子版，一张图看懂本书第 4 章介绍的实时互动覆盖的 200 多个场景。

2）全球七大区域 RTC 用量 TOP 1000 机型列表，比第 5 章中 RTC 用量 TOP 30 机型列表更加详细。

3）《实时互动产业发展研究报告》：全面分析实时互动的市场规模以及未来发展前景。

4）《音视频社交出海白皮书》：包含音视频社交出海市场洞察、头部玩家分析、应用出海成功实践等内容，堪称精简级音视频社交出海破局指南。

5）《实时互动行业人才生态报告》：行业首次揭露 RTE 开发者的薪资、岗位、职业发展路径等信息。

以上配套资源可扫描封底二维码下载。